高周波の基礎

三輪 進 著

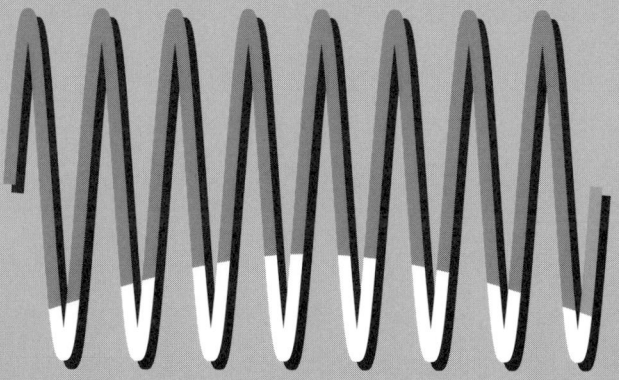

 東京電機大学出版局

まえがき

「理工学講座　高周波電磁気学」を出版してから 8 年以上が経過しました．この間多くの方から間違いや不適切な表現にご叱正をいただき，刷を改めるごとに小改訂を行ってきました．今も改定しなければならない点を抱えており，これらはできるだけ早い機会に何らかの訂正をしなければならないと思っております．しかしながら，それ以上に，最近この本の書き方そのものが現在の読者の皆さんにマッチしなくなってきているのではないかという感を深くしております．

そこで今回，表題も「高周波の基礎」と改め，内容もかなり大幅な変更を加えることにしました．執筆するに当たって留意したのは次のような点です．これは「マッチしなくなってきている」と感じている点の裏返しでもあります．

(1) 今まで以上に各章の内容と，実際面との関連を説明するようにする．
(2) 式の導出過程はなるべく簡潔に，ないしは別出しにする．
(3) 序論を 1 章設け，高周波以前の基礎的事項も取り入れる．
(4) 14 回の講義回数を想定し，14 章構成とする．
(5) 電波関連の章を 4～7 章，線路関係を 8～11 章に集結する．
(6) 共振器，電波の発生に関する記述を各 1 章設ける．
(7) 高周波のツールに関する説明を最後に 1 章設ける．
(8) 1 章は 10 頁とし，概要，4 節 (2 頁/節)，問題から構成する．
(9) 節は左側に説明，右側に対応する図面，表，解説，例題等を配置する．
(10) 問題は各章の内容との関連に留意し，ヒントをつける．

本書の章構成と内容は次のようになっています．

1章では，本書でいう高周波の範囲，周波数の名称，周波数と波長の関係，単一正弦波の表現法，デシベルとは何かについて，2章では，ベクトル，ベクトル演算子，直角座標と極座標，進行波と定在波を説明します．3章では，マクスウェルの方程式とその積分形，境界条件や，ポインティングベクトルについて述べます．

4～7章で電波について概説します．4章では，球面波と平面波の相違，真空中での平面電磁波の電界・磁界，その性質について述べます．5章の前半では，電波には直線偏波と円偏波があること，後半では任意の方向に進む平面電磁波がどのように表され，位相速度や軸方向波長がどうなるのかを説明します．

6章では媒質が絶縁体である場合，導電率を持つ場合に電波がどのようになるのかを学び，特に導電性の尺度とその影響を調べます．7章では，2つの異なった媒質が接する部分に平面電磁波が入射した場合起きる反射，透過を学びます．この場合，直交偏波，平行偏波が生じること，入射角に対して反射係数・透過係数がどうなるのかを述べます．

8～11章で線路とそれによる電圧・電流または電波の伝搬について述べます．8章では，分布定数線路から線路方程式を導き，解を求めます．また，線路に負荷を接続した場合の電圧・電流分布，定在波比，多端から見たインピーダンスなどを説明します．9章では，平行2線，同軸ケーブル，平行板の特性，使用可能な周波数を比較します．

10章では，導体による反射，平行平板間の電磁界から導波管内の電磁界を求めます．上に述べた線路と異なる点，各種のモードが存在することを学びます．11章は光ファイバです．光は全反射により誘電体ロッド内を進みますが，実際は分散を少なくする工夫がなされていること，各種のモード，減衰特性について説明します．

12章では集中定数共振回路，線路共振器の共振現象，空洞共振器の共振周波数やモード，Qファクタなどを学びます．13章では，電波の放射について，放射源は何なのか等を簡単に述べます．14章では，高周波のツールとして，スミスチャート，Sパラメータ，計測器のいくつか，電波暗室について述べます．

まえがき

　執筆に当たっては，数多くの資料，書籍を参考にさせていただきました．その主なものは巻末に列挙しました．各著者に対し深く感謝申し上げます．また，巻末には，付録として，本書を利用していただくに当たり参考になると思われる事項を集めてみました．

　本書は当初，高周波電磁気学の改訂版にしようかと思い，東京電機大学出版局植村八潮課長と相談しました．結論的には，内容がかなり変わること，高周波電磁気学は現在もかなりの読者が居られることから，別の本にしましょうということになりました．

　編集に当たっては，出版局松崎真理さんに，TeX フォーマットの作成に当たっては三美印刷さんに，種々ご協力をいただきました．また，図面の作成，原稿のチェックなどで，工学部情報通信工学科電波応用研究室の皆さんに御世話になりました．あわせてお礼申し上げます．

　前著を参考にしているので簡単かと思っていましたが，今回も自分の未熟さを痛感させられました．間違いや，ピントはずれの記述も多いことと思います．これらについては，大小にかかわらずご指摘賜れば幸いです．もし，刷を改める機会があれば，できるだけ充実させて行きたいと考えております．

2001 年 1 月

著者しるす

目 次

1 序論 -I　…………………………………………………… 1
　1.1　高周波とは　………………………………………………… 2
　1.2　波長と周波数　……………………………………………… 4
　1.3　正弦波の表現方法　………………………………………… 6
　1.4　デシベル　…………………………………………………… 8
　　　　章末問題 1　……………………………………………… 10

2 序論 -II　…………………………………………………… 11
　2.1　ベクトル演算　……………………………………………… 12
　2.2　ベクトル演算子 ∇　………………………………………… 14
　2.3　直角座標と極座標　………………………………………… 16
　2.4　進行波と定在波　…………………………………………… 18
　　　　章末問題 2　……………………………………………… 20

3 マクスウェルの方程式　………………………………… 21
　3.1　マクスウェルの 4 方程式　………………………………… 22
　3.2　マクスウェルの方程式の積分形　………………………… 24
　3.3　境界条件　…………………………………………………… 26
　3.4　ポインティングベクトル　………………………………… 28
　　　　章末問題 3　……………………………………………… 30

4 真空中の平面電磁波 -I ……………………………… 31
- 4.1 球面電磁波と平面電磁波 ……………………………… 32
- 4.2 平面電磁波の条件と式 ……………………………… 34
- 4.3 真空中の平面電磁波 ……………………………… 36
- 4.4 平面電磁波の性質 ……………………………… 38
- 章末問題 4 ……………………………… 40

5 真空中の平面電磁波 -II ……………………………… 41
- 5.1 直線偏波 ……………………………… 42
- 5.2 円偏波 ……………………………… 44
- 5.3 任意方向への電磁波 ……………………………… 46
- 章末問題 5 ……………………………… 50

6 等方性媒質中の電磁波 ……………………………… 51
- 6.1 絶縁媒質中の平面電磁波 ……………………………… 52
- 6.2 導電媒質中の平面電磁波 ……………………………… 54
- 6.3 導電媒質中平面電磁波の性質 ……………………………… 56
- 章末問題 6 ……………………………… 60

7 電磁波の反射と透過 ……………………………… 61
- 7.1 垂直入射の反射・透過 ……………………………… 62
- 7.2 完全導体への垂直入射 ……………………………… 64
- 7.3 斜め入射 ……………………………… 66
- 7.4 直交・平行偏波の反射・透過係数 ……………………………… 68
- 章末問題 7 ……………………………… 70

8 伝送線理論 ……………………………………………… 71
8.1 伝送線方程式 …………………………………… 72
8.2 伝送線方程式の解 ……………………………… 74
8.3 進行波と定在波 ………………………………… 76
8.4 線路から見たインピーダンス ………………… 78
章末問題 8 …………………………………… 80

9 各種 TEM 線路 ………………………………………… 81
9.1 平行 2 線 ………………………………………… 82
9.2 同軸ケーブル …………………………………… 84
9.3 ストリップ線路 ………………………………… 86
9.4 線路の使用周波数範囲 ………………………… 88
章末問題 9 …………………………………… 90

10 導波管 ………………………………………………… 91
10.1 導体壁への斜め入射 …………………………… 92
10.2 平行平板間の電磁波 …………………………… 94
10.3 矩形導波管内の TE 波 ………………………… 96
10.4 導波管のモード ………………………………… 98
章末問題 10 ………………………………… 100

11 光ファイバ …………………………………………… 101
11.1 単一誘電体ロッド ……………………………… 102
11.2 光ファイバの種類 ……………………………… 104
11.3 光ファイバの導波モード ……………………… 106
11.4 光ファイバにおける信号劣化 ………………… 108

　　　　章末問題 11 ・・・・・・・・・・・・・・・・・・・・・・・・・・・・ 110

12 共振器 ・・・・・・・・・・・・・・・・・・・・・・・・・・・・ 111
12.1 集中定数共振回路 ・・・・・・・・・・・・・・・・・・・・・・・・ 112
12.2 線路共振器 ・・・・・・・・・・・・・・・・・・・・・・・・・・・・ 114
12.3 空洞共振器 ・・・・・・・・・・・・・・・・・・・・・・・・・・・・ 116
12.4 共振器の Q ・・・・・・・・・・・・・・・・・・・・・・・・・・・ 118
　　　　章末問題 12 ・・・・・・・・・・・・・・・・・・・・・・・・・・・・ 120

13 電波の放射 ・・・・・・・・・・・・・・・・・・・・・・・・・ 121
13.1 高周波電流が電波発生源 ・・・・・・・・・・・・・・・・・・・・ 122
13.2 磁流も発生源 ・・・・・・・・・・・・・・・・・・・・・・・・・・ 124
13.3 変位電流も ・・・・・・・・・・・・・・・・・・・・・・・・・・・ 126
13.4 発生源の作る電磁界 ・・・・・・・・・・・・・・・・・・・・・・ 128
　　　　章末問題 13 ・・・・・・・・・・・・・・・・・・・・・・・・・・・・ 130

14 高周波のツール ・・・・・・・・・・・・・・・・・・・・・ 131
14.1 スミスチャート ・・・・・・・・・・・・・・・・・・・・・・・・ 132
14.2 S パラメータ ・・・・・・・・・・・・・・・・・・・・・・・・・・ 134
14.3 高周波用計測器 ・・・・・・・・・・・・・・・・・・・・・・・・ 136
14.4 電波暗室 ・・・・・・・・・・・・・・・・・・・・・・・・・・・・ 138
　　　　章末問題 14 ・・・・・・・・・・・・・・・・・・・・・・・・・・・・ 140

付　録 ・・・・・・・・・・・・・・・・・・・・・・・・・・・・・・・・ 141
A.1 主要定数 ・・・・・・・・・・・・・・・・・・・・・・・・・・・・ 141
A.2 量記号および単位記号 ・・・・・・・・・・・・・・・・・・・・ 142

A.3	三角関数・双曲線関数	144
A.4	ベクトル公式	145
A.5	微分・積分公式	146
A.6	微分方程式	147
A.7	関数の展開	148
A.8	単位の名称（接頭語）	149
A.9	ギリシャ文字	150

参考文献 …… 151

索　引 …… 152

1　序論 -I

　高周波を学ぶに当たって，基礎知識として持っていていただきたいことがいくつかあります．これらは出てきた都度覚えていくというのも1つの方法かもしれませんが，ややもすると通り一遍になる恐れがありますので，最初2章を費やして基礎的な事項を説明しておきたいと思います．

　したがって，十分理解している項目については，目を通すだけで結構です．しかし，初めて勉強するという方や理解が不十分だという方は，ぜひ熟読して，十分理解してください．このことが全体を理解し，使いこなせるようになる上で結局早道になると信じます．

　まず，基礎の基礎として，本章では次の事項について述べてみたいと思います．

(1)　高周波とは
(2)　周波数と波長
(3)　正弦波の表現方法
(4)　デシベル

　(1) において，我々が高周波と呼んでいるのはどんな周波数をいうのかを考えてみます．次いで (2) では，その周波数に対する波長はいくらになっているのかを求める方法を述べます．この換算が短時間で間違いなくできるようになると，高周波も身近なものに感じられると思います．高周波に限らず，我々が一般に取り扱う波形は純粋な正弦波である場合が大部分を占めています．(3) では，これをどのように表現するかについて説明します．(4) では，音響や電気一般に用いられるデシベルの解説をします．この中で，高周波において特によく使われる表現について述べます．

1.1 高周波とは

　高周波を広辞苑で引いてみると,「振動数(周波数)が比較的大きいこと．また，そのような波動や振動．低周波の対語」と書いてあります．

　家庭で使う50〜60〔Hz〕を**商用周波数**といいますが，これは低周波に属することに異論はなかろうと思います．400〔Hz〕はどうかといえば，商用周波数を取り扱っている方からみれば高周波かもしれませんが，情報通信を扱う立場からは高周波とはいえないでしょう．

　ある信号の伝送を行うために送信側と受信側を線でつなぐとします．周波数が上がってくると，結線の長さや，引き回しによる影響がでるようになります．これは線自体のインダクタンス L のために生じる直列インピーダンスや，線間のキャパシタンス C による並列アドミタンスの影響が無視できなくなるためです．

　また，周波数が高くなると電波が放射されたり，表皮効果が現れるようになります．このような現象は大体10〔kHz〕から見られるようになります．高周波とは大体このあたりから上の周波数といって良いと思います．

　高周波には周波数の区切り毎に名前がつけられています．この周波数毎の名称を図1.1に示します．最もよく用いられるのは1桁毎に9段階に分ける分類法です．最も低い周波数帯は超長波(VLF:Very Low Frequency)と呼ばれ，その下限は3〔kHz〕になっています．また，電波は我々が共用する貴重な資源ですから電波割り当てがなされていますが，9〔kHz〕以下には割り当てがありません．

　電波，赤外線，可視光，X線，γ線などはいずれも電磁波です．電波と赤外線の区分けは，**電波法**第2条により，"電波とは300万メガヘルツ以下の電磁波をいう"と定義づけられています．300万メガヘルツは 3×10^6〔MHz〕= 3×10^{12}〔Hz〕で，言い換えると3,000〔GHz〕(ギガヘルツ)または3〔THz〕(テラヘルツ)になります．

　また普通1〔GHz〕より高い周波数の電波を**マイクロ波**と呼んでいます．さらに，UHFからEHFにかけて，Lバンドとか，Xバンド等と別の分類もなされており，よく用いられるようになってきました．

周波数	波長	呼称			
3 kHz	100 km				
30	10	VLF	超長波		電波
300	1	LF	長波		
3 MHz	100 m	MF	中波		
30	10	HF	短波		
300	1	VHF	超短波		
3 GHz	10 cm	UHF	極超短波	マイクロ波	L〜O バンド
30	1 cm	SHF	センチ波		
300	1 mm	EHF	ミリ波		
3 THz	100 μm		サブミリ波		
30	10	遠赤外線			
300	1	赤外線 可視光			
3 PHz	100 nm	紫外線			
30	10				
300	1	X線			
3 EHz	100 pm	γ線			

VLF: very low frequency
LF : low frequency
MF : medium frequency
HF : high frequency
VHF: very high frequency
UHF: ultra high frequency
SHF: super high frequency
EHF: extremely high frequency

Lバンド：390〜1500〔MHz〕
Sバンド：1.5〜3.9〔GHz〕
Cバンド：3.9〜6.2〔GHz〕
Xバンド：6.2〜10.9〔GHz〕
Kバンド：10.9〜36〔GHz〕
Kuバンド：15.2〜17.2〔GHz〕
Kaバンド：33〜35〔GHz〕
Oバンド：35〜46〔GHz〕

図 **1.1** 電磁波スペクトル

1.2 波長と周波数

高周波波形（電圧，電流，電界，磁界等）は複雑な波形の場合もあるでしょうが，一般には高調波を含まない正弦波が用いられます．ここでは，簡単のため正弦波として話を進めます．図 1.2 のような正弦波がある場合，波形のある点 A から次の同じ位相の点 B までの長さを**波長**といい，λ と表します．λ の単位は〔m〕ですが，〔cm〕や〔mm〕で表すこともあります．

この 1 波長に相当する波形が 1 秒間に何回現れるかを**周波数**といい，f で表します．f の単位をヘルツといい，〔Hz〕と表します．ヘルツのディメンションは〔1/s〕です．メガヘルツ (10^6〔Hz〕)，ギガヘルツ (10^9〔Hz〕) などはそれぞれ〔MHz〕，〔GHz〕と表します．

図 1.3 のように波長 λ の高周波が次々に進行し，1 秒間に f 回振動したとすると，その距離は $f \times \lambda$ となり，高周波の伝搬速度になります．真空の誘電率を ε_0，透磁率を μ_0，真空中の波長を λ_0 とすると，伝搬速度は光速 c に等しくなります．

$$f \cdot \lambda_0 \;=\; c \;=\; \frac{1}{\sqrt{\varepsilon_0 \mu_0}} \;\cong\; 3 \times 10^8 \;\text{〔m/s〕} \tag{1.1}$$

電波も光も電磁波ですから同じ速度になるわけです．より厳密に計算すると 2.997×10^8〔m/s〕ですが，3×10^8〔m/s〕としても誤差は 0.1〔％〕程度にすぎません．空気中の場合も，大抵の場合，真空中と同じとしてかまいません．

簡単な式ですからこのまま使っても良いのですが，周波数として〔MHz〕で表した数値，波長として〔m〕で表した数値を用いると，〔m〕×〔MHz〕=300 という関係になります．すなわち 1〔MHz〕だったら波長は 300〔m〕，150〔MHz〕だったら 2〔m〕というのが簡単に計算できます．

◇ 角周波数

電界が 1 波長分変化すると，位相は 360〔deg〕，すなわち 2π〔rad〕（ラジアン）変化しますから，1〔s〕間の回転角度 ω は $2\pi f$〔rad/s〕になります．これを**角周波数**と呼び，式で表すと次のようになります．

$$\omega \;=\; 2\pi f \;\text{〔rad/s〕} \tag{1.2}$$

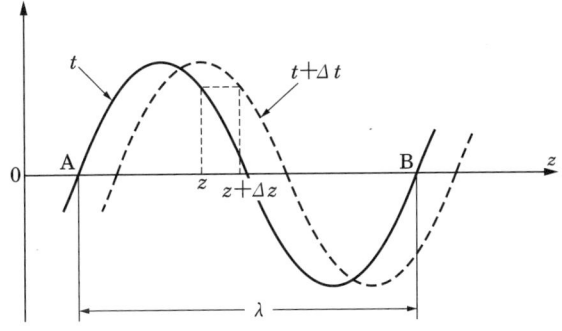

図 1.2 波長

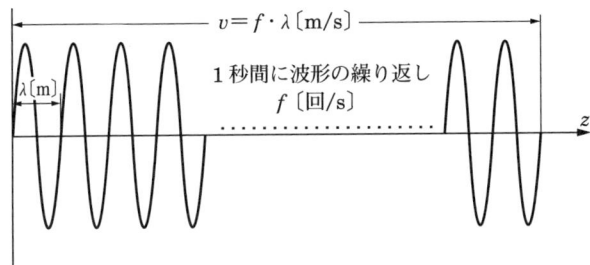

図 1.3 伝搬速度

§例題 1.1§ 周波数 800 [MHz] の電波の真空中波長はいくらですか？

†解答†

式 (1.1) を用いて，

$$\lambda_0 = \frac{c}{f} = \frac{3 \times 10^8}{800 \times 10^6} = 0.375 \ [\text{m}]$$

◇ 800 [MHz] は携帯電話に用いられている周波数です．

◇ [m] × [MHz] = 300 を用いるとより簡単です．

§例題 1.2§ 真空中の波長 20 [cm] の電波の周波数は？

†解答†

同じく式 (1.1) から，

$$f = \frac{c}{\lambda_0} = \frac{3 \times 10^8}{0.2} = 1.5 \ [\text{GHz}]$$

1.3 正弦波の表現方法

無線通信や放送の搬送周波数は，できるだけ純粋な単一周波数を出すことを心がけています．また，任意の繰り返し波形は多数の正弦波から成っていますから，1つの周波数に対する取扱いを知れば，容易に拡張することができます．

正弦波状に時間変化をする関数 $v(t) = |\mathrm{V}|\cos(\omega t + \varphi)$ があるとします．$v(t)$ は時間の関数で，**瞬時値**あるいは瞬時量といいます．V は時間に関係のない複素数（値）で（**スカラ**）フェーザと呼ばれ，$\mathrm{V} = |\mathrm{V}|e^{j\varphi}$ と表されます．φ は V の位相角です．瞬時値 $v(t)$ の表現は直感的には分かりやすいのですが，演算をするときには不便な形です．

そこで，この正弦波を $V(t) = \mathrm{V}e^{j\omega t} = |\mathrm{V}|e^{j(\omega t + \varphi)}$ と表すことにし，その実数部が実際我々が目で見る瞬時値であると取り決めます．**オイラーの公式**によれば，

$$e^{j\omega t} = \cos\omega t + j\sin\omega t \tag{1.3}$$

ですから，$V(t)$ の実数部が正弦波 $v(t)$ を表すことは明らかです．

このように $\cos\omega t \to e^{j\omega t}$ と表す方法は回路理論などで広く用いられています．この方法の最大の長所は，微分や積分が簡単に表現できる点にあります．

- 微分であれば $\to j\omega$ を掛ける．
- 積分であれば $\to j\omega$ で割るという具合です．

さらに，正弦波であるということが分かっているときは，V と V を区別せず V で表すことがよくあります．

関数がベクトルであっても同様です．ベクトル $\boldsymbol{E}$ が正弦的に変化すると，

$$\boldsymbol{e}(x, y, z, t) = \mathrm{Re}[\boldsymbol{E}(x, y, z, t)] = \boldsymbol{E}(x, y, z)\cos\omega t \tag{1.4}$$

$\boldsymbol{e}(x, y, z, t)$ は瞬時値，$\boldsymbol{E}(x, y, z, t) = \boldsymbol{E}(x, y, z)e^{j\omega t}$，$\boldsymbol{E}(x, y, z)$ は，時間に関係のない複素ベクトルで（**ベクトル**）フェーザと呼ばれます．しかし前後の状況で簡単に判別できるときは，$\boldsymbol{E}$ と $\boldsymbol{E}$ を区別せず，単に $\boldsymbol{E}$ と表します．

本書でもこの省略を行っています．時間との関係がよく分からなくなったときは，$\boldsymbol{e}(t) = \mathrm{Re}[\boldsymbol{E}e^{j\omega t}]$ として考えてください．

§ 例題 1.3§ $\cos\omega t$ および $\sin\omega t$ を，$e^{j\omega t}$ および $e^{-j\omega t}$ を用いて表しなさい．
† 解答 †

オイラーの公式および同公式で，$j\omega t \rightarrow -j\omega t$ と置き換えると，

$$e^{j\omega t} = \cos\omega t + j\sin\omega t \tag{1.5}$$

$$e^{-j\omega t} = \cos(-\omega t) + j\sin(-\omega t) = \cos\omega t - j\sin\omega t \tag{1.6}$$

両式を足して（または引いて）2 で割ると次式を得ます．

$$\cos\omega t = \frac{e^{j\omega t} + e^{-j\omega t}}{2}, \quad \sin\omega t = \frac{e^{j\omega t} - e^{-j\omega t}}{2j} \tag{1.7}$$

◇ e^{jx} が e^x だと，$\cosh$ および $\sinh$ になります．すなわち

$$\cosh x = \frac{e^x + e^{-x}}{2}, \quad \sinh x = \frac{e^x - e^{-x}}{2} \tag{1.8}$$

§ 例題 1.4§ $\dfrac{\partial^2 A(z,t)}{\partial z^2} - \dfrac{1}{u^2}\dfrac{\partial^2 A(z,t)}{\partial t^2} = 0$ の $A(z,t)$ が t について正弦波であるとき，この式はどのように表されますか？

† 解答 †

t について正弦波ですから，$A(z,t) = A(z)e^{j\omega t}$ と表すことができます．$\partial/\partial t = j\omega$ に置き換えると，2 回微分は $-\omega^2$ になります．したがって，

$$\frac{d^2 A(z)}{dz^2} - \frac{\omega^2}{u^2} A(z) = 0$$

と表すことができます．

  ◇ この式は 2 章に述べるように波動方程式と呼ばれます．

§ 例題 1.5§ $\boldsymbol{E} = \boldsymbol{a}_x E_0 e^{-jkz}$ で表される単一正弦波があります．E_0 の位相角が φ であるとき，この波形の瞬時値 $\boldsymbol{e}(z,t)$ を表しなさい．

† 解答 †

$e^{j\omega t}$ をかけて，実数部をとれば良い．

$$\boldsymbol{e}(z,t) = \mathrm{Re}[\boldsymbol{a}_x |E_0| e^{j\varphi} e^{-jkz} e^{j\omega t}]$$

$$= \mathrm{Re}[\boldsymbol{a}_x |E_0| e^{j(\omega t - kz + \varphi)}] = \boldsymbol{a}_x |E_0| \cos(\omega t - kz + \varphi)$$

  ◇ この表現は今後しばしば現れます．十分習熟してください．

1.4 デシベル

　耳の感度は音圧の対数に比例することから用いられたのがベルないしはデシベルの起源といわれています．この表現は，取り扱う大きさの範囲が非常に広い電力，電圧，電界などに用いられるようになりました．高周波でもよく使われますから，十分理解を深めていただきたいと思います．

(1) 電力

　基準値を P_0 とするとき，電力 P のデシベル値は次のように表されます．
$$\frac{P}{P_0}〔\mathrm{dB}〕 = 10\log_{10}\frac{P}{P_0}〔倍〕 \tag{1.9}$$
例えば $P/P_0 = 1,000$〔倍〕のとき，P/P_0〔dB〕$= 30$〔dB〕

(2) 電圧

　基準値を V_0 とするとき，電圧 V のデシベル値は
$$\frac{V}{V_0}〔\mathrm{dB}〕 = 20\log_{10}\frac{V}{V_0}〔倍〕 \tag{1.10}$$
例えば $V/V_0 = 1,000$〔倍〕のとき，V/V_0〔dB〕$= 60$〔dB〕

電流，電界についても電圧と同じ式を用います．

(3) 絶対値を表す場合

　基準値が決まっている場合は絶対値を表します．これには次のようなものが用いられます．

　　〔dBm〕　1〔mW〕を基準とした電力．例えば 1〔W〕$= 30$〔dBm〕
　　〔dBW〕　1〔W〕を基準とした電力．例えば 1〔mW〕$= -30$〔dBW〕
　　〔dBμ〕　1〔μV〕を基準とした電圧．例えば 1〔mV〕$= 60$〔dBμ〕

(4) ネーパ

　損失のある空間や線路を電磁界が伝搬する場合，減衰量は，**ネーパ**という単位により表されます．

　ネーパは〔neper〕または〔Np〕と記し，1〔Np〕$= 8.686$〔dB〕です．

§ 例題 1.6§ 増幅器の出力電力が入力電力の 400 〔倍〕でした．増幅器の電力利得は何〔dB〕ですか？

† 解答 †
$$\frac{P_{out}}{P_{in}} \text{〔dB〕} = 10 \log 400 \cong 26 \text{ 〔dB〕}$$

§ 例題 1.7§ 出力電圧が入力電圧の 0.30 〔倍〕でした．何〔dB〕ですか？

† 解答 †
$$\frac{V_{out}}{V_{in}} \text{〔dB〕} = 20 \log 0.3 = 20 \log(3 \times 10^{-1})$$
$$\cong 9.5 - 20 = -10.5 \text{ 〔dB〕}$$

参考 ◇ 電圧・電流のデシベルはなぜ 20 倍？ ────────

同じ負荷インピーダンス R で考えないと比較にならないから，
$$10 \log_{10} \frac{P}{P_0} = 10 \log_{10} \frac{V^2/R}{V_0^2/R} = 10 \log_{10} \left(\frac{V}{V_0}\right)^2 = 20 \log_{10} \frac{V}{V_0}$$

参考 ◇ デシベル概略値の求め方 ────────

電卓が手元になくても，$\log 2 = 0.3010$, $\log 3 = 0.4771$ の 2 つを覚えておけば，かなりの数の〔dB〕値を求めることができます．例えば，$4 = 2^2$, $5 = 10/2$, $6 = 2 \times 3$, $8 = 2^3$, $9 = 3^2 \cdots$ のように表せば計算できます．表せない数値のときは，前後の表せる数値の〔dB〕値から内挿して概略値を求めます．

§ 例題 1.8§ 35.0 〔dB〕の利得があるとき，電力は何倍になりますか？ また，電圧は何倍になりますか？

† 解答 †

式 (1.9) を書き換えると次のようになります．
$$\frac{P}{P_0} = 10^{(\text{dB}/10)} \text{〔倍〕} \tag{1.11}$$
これを用いて，$P/P_0 = 10^{35/10} \cong 3160$ 〔倍〕となります．

電圧は，式 (1.10) から，次のように表されます．
$$\frac{V}{V_0} = 10^{(\text{dB}/20)} \text{〔倍〕} \tag{1.12}$$
これを用いて，$V/V_0 = 10^{35/20} \cong 56.2$ 〔倍〕．

章末問題1

次の問に答えなさい．

1 周波数 2.5〔GHz〕の電磁波の真空中の波長はいくらですか？

2 真空中の波長 3.0〔cm〕の電磁波の周波数はいくらですか？

3 周波数 100〔MHz〕の角周波数はいくらですか？

4 e^j, $|e^j|$, $e^{|j|}$ の値を求めなさい．

5 $v = V\sin\omega t$ を複素量 $V(t)$ で表すとどうなりますか？

6 電界 $\boldsymbol{E}$ が正弦波状に変化するとき，変位電流密度を瞬時値表現しなさい．

7 正弦波磁界 $\boldsymbol{H}$ に対し，マクスウェルの第1方程式はどう表されますか？

8 電圧が基準値の 6×10^{-6}〔倍〕であると何〔dB〕になりますか？

9 -140〔dBm〕は何〔W〕ですか？

10 減衰量が 1.0〔neper〕のとき，出力電圧/入力電圧はいくらになりますか？

†ヒント†

1 この周波数は電子レンジや無線 LAN などに広く使われています．
2 この周波数帯は X バンドといって，レーダなどでよく使われます．
3 単位はいくらになりますか？
4 前2者はオイラーの公式から．
5 $\sin(\omega t) = \cos(\omega t - \pi/2)$
6 変位電流密度は $\partial(\varepsilon\boldsymbol{E})/\partial t$．
7 式 (3.1) 参照．$\nabla \times \boldsymbol{E}$ は時間微分でないからそのままです．
8 1〔倍〕より小さければデシベル値は負になります．
9 〔dBm〕は何の単位でしたか？
10 デシベル値（負）を式 (1.12) に代入します．

2 序論 -II

　前章では，高周波の範囲，波長と周波数の関係，正弦波を $e^{j\omega t}$ を使って表したり，目に見える形（瞬時値）で表したりする表現法，高周波はもちろん電気，音響一般に用いられるデシベルについて，いわば本書以前に知っておいていただきたい事項について述べました．

　第 2 章では，今後本書を学んでいただくに当たって不可欠な次の事項を取り上げます．

(1)　ベクトル演算
(2)　ベクトル演算子 ∇
(3)　直角座標と極座標
(4)　進行波と定在波

　まずベクトル演算ではベクトルの定義から，加減算，乗算について述べます．乗算にはスカラ積とベクトル積がありますが，特にベクトル積の場合の向きについてイメージがわくように習熟してください．またベクトルによる割り算は定義されていませんので注意してください．ベクトル演算子ナブラ ∇ は，gradient, divergence, rotation などを表すのに不可欠なものです．それぞれの意味と計算法をマスターしましょう．座標系では，我々になじみの深い直角座標と極座標について述べます．極座標では場所によって基本ベクトルの向きが変わることに注意してください．最後に波動方程式の一般的な形とこの解，正弦波の場合にこれらがどうなるかを示し，定在波との違いを解説します．

　この他にも色々な基礎的事項があると思いますが，あまり長々と解説するのも本意ではありませんので，この程度で止めることにします．

2.1 ベクトル演算

大きさと向きを持つ量を，大きさだけを持つ**スカラ**に対し，**ベクトル**といいます．太字 A, B はベクトルを，A, B 等はその大きさを示します．$-A$ は A と向きが反対のベクトルです．向きが A と同じで大きさが 1 のベクトルを A の**単位ベクトル**といい，a で表します．

(1) $A = aA$

(2) $A = B$

 A と B の大きさと向きが等しいとき，$A = B$ となります．したがって，A を平行移動して，B に重なれば両者は等しくなります．

(3) 加減算 $A \pm B = \pm B + A$

 加減算のときは，順序を変えても結果は同じです．

(4) 乗算

 ベクトルの乗算には**スカラ積**と**ベクトル積**があります．

 (a) スカラ積

 スカラ積の結果はスカラ量で，次式で表されます．

$$A \cdot B = B \cdot A = AB\cos\theta \tag{2.1}$$

 ここに，θ はベクトル A と B がなす角で $0 \leq \theta < \pi$ です．

 (b) ベクトル積

 ベクトル積の結果はベクトル量で，$A \times B = -B \times A$ の関係があり，その大きさは次式で表されます．

$$|A \times B| = AB\sin\theta \tag{2.2}$$

 向きは A から B へ右ねじを回したとき，ねじが進む向きになります．

 AB という表現は意味がありません．

(5) 除算

 ベクトルによる割り算はありません．

(6) 直角座標におけるベクトル演算

ベクトル $\boldsymbol{A}$ の x, y, z 成分を A_x, A_y, A_z とします．x, y, z 軸方向の単位ベクトルを**基本ベクトル**といい，$\boldsymbol{a}_x, \boldsymbol{a}_y, \boldsymbol{a}_z$ で表すと，$\boldsymbol{A}$ は，

$$\boldsymbol{A} = \boldsymbol{a}_x A_x + \boldsymbol{a}_y A_y + \boldsymbol{a}_z A_z \tag{2.3}$$

このような表現を使うと，スカラ積は次のようになります．

$$\begin{aligned} \boldsymbol{A} \cdot \boldsymbol{B} &= (\boldsymbol{a}_x A_x + \boldsymbol{a}_y A_y + \boldsymbol{a}_z A_z) \cdot (\boldsymbol{a}_x B_x + \boldsymbol{a}_y B_y + \boldsymbol{a}_z B_z) \\ &= A_x B_x + A_y B_y + A_z B_z \end{aligned} \tag{2.4}$$

同様にベクトル積は次のように表されます．

$$\begin{aligned} \boldsymbol{A} \times \boldsymbol{B} &= (\boldsymbol{a}_x A_x + \boldsymbol{a}_y A_y + \boldsymbol{a}_z A_z) \times (\boldsymbol{a}_x B_x + \boldsymbol{a}_y B_y + \boldsymbol{a}_z B_z) \\ &= \boldsymbol{a}_x (A_y B_z - A_z B_y) + \boldsymbol{a}_y (A_z B_x - A_x B_z) + \\ &\quad \boldsymbol{a}_z (A_x B_y - A_y B_x) \end{aligned} \tag{2.5}$$

$$= \begin{vmatrix} \boldsymbol{a}_x & \boldsymbol{a}_y & \boldsymbol{a}_z \\ A_x & A_y & A_z \\ B_x & B_y & B_z \end{vmatrix} \tag{2.6}$$

◇ $\boldsymbol{a}_x \cdot \boldsymbol{a}_x = \boldsymbol{a}_y \cdot \boldsymbol{a}_y = \boldsymbol{a}_z \cdot \boldsymbol{a}_z = 1, \ \boldsymbol{a}_x \cdot \boldsymbol{a}_y = \boldsymbol{a}_y \cdot \boldsymbol{a}_z = \boldsymbol{a}_z \cdot \boldsymbol{a}_x = 0$

◇ $\boldsymbol{a}_x \times \boldsymbol{a}_x = \cdots = 0, \ \boldsymbol{a}_x \times \boldsymbol{a}_y = \cdots = 1$ などに注意

§ **例題 2.1** §　次の演算の誤りを指摘し，正しい表現を示しなさい．

(1) $\boldsymbol{A} \times \boldsymbol{B} = \boldsymbol{B} \times \boldsymbol{A}$

(2) $\oint_c \boldsymbol{H} ds = I + \int_S \dfrac{\partial \boldsymbol{D}}{\partial t} dS$

† 解答 †

(1) 右辺の B はベクトル．ベクトル積は順序が変わると符号が変わります．

　　正しい表現　　$\boldsymbol{A} \times \boldsymbol{B} = -\boldsymbol{B} \times \boldsymbol{A}$

(2) 左辺の $\boldsymbol{H}$ と ds とはスカラ積．右辺の dS はベクトル $d\boldsymbol{S}$．$\partial \boldsymbol{D}/\partial t$ と $d\boldsymbol{S}$ とはスカラ積．

　　正しい表現　　$\oint_c \boldsymbol{H} \cdot d\boldsymbol{s} = I + \int_S \dfrac{\partial \boldsymbol{D}}{\partial t} \cdot d\boldsymbol{S}$

2.2 ベクトル演算子 ∇

∇ はナブラと呼ばれ，高周波では欠かせない演算子です．ベクトル形式を持っており，スカラにもベクトルにも作用することができます．

$$\nabla = \bm{a}_x \frac{\partial}{\partial x} + \bm{a}_y \frac{\partial}{\partial y} + \bm{a}_z \frac{\partial}{\partial z} \tag{2.7}$$

∇ を用いた表現には次のようなものがあります．

(1) $\nabla \psi$

∇ スカラ ψ に作用すると $\nabla \psi$ となります．これは grad ψ とも表され，ψ の勾配を示すベクトル量になります．

$$\nabla \psi = \bm{a}_x \frac{\partial \psi}{\partial x} + \bm{a}_y \frac{\partial \psi}{\partial y} + \bm{a}_z \frac{\partial \psi}{\partial z} \tag{2.8}$$

(2) $\nabla \cdot \bm{A}$

ベクトルに作用するときはスカラ積とベクトル積の両方があります．前者は div $\bm{A}$ とも表され，$\bm{A}$ の発散ないしは湧き出しを表すスカラ量になります．

$$\nabla \cdot \bm{A} = \frac{\partial A_x}{\partial x} + \frac{\partial A_y}{\partial y} + \frac{\partial A_z}{\partial z} \tag{2.9}$$

(3) $\nabla \times \bm{A}$

ベクトル積は rot $\bm{A}$ とも表され，$\bm{A}$ の回転を表すベクトル量になります．rot $\bm{A}$ は，展開した式よりも次のように覚える方が簡単です．

$$\nabla \times \bm{A} = \begin{vmatrix} \bm{a}_x & \bm{a}_y & \bm{a}_z \\ \dfrac{\partial}{\partial x} & \dfrac{\partial}{\partial y} & \dfrac{\partial}{\partial z} \\ A_x & A_y & A_z \end{vmatrix} \tag{2.10}$$

(4) $\nabla \bm{A}$ という表現は意味をなしません．

(5) ∇^2

これはラプラシアンと呼ばれ，スカラにもベクトルにも作用することができ，$\nabla^2 \psi, \nabla^2 \bm{A}$ となります．$\nabla^2 = \nabla \cdot \nabla$ から簡単に求められます．

$$\nabla^2 = \left(\frac{\partial^2}{\partial x^2} \right) + \left(\frac{\partial^2}{\partial y^2} \right) + \left(\frac{\partial^2}{\partial z^2} \right) \tag{2.11}$$

§例題 2.2§ 次の演算のうち，意味のあるものには ◯, 意味のないものには × を付し，× の場合は理由を述べなさい．

(1) grad (div $\boldsymbol{A}$)　　(2) grad (grad ψ)　　(3) div (grad ψ)
(4) div (rot $\boldsymbol{A}$)　　(5) rot (div $\boldsymbol{A}$)　　(6) rot (rot $\boldsymbol{A}$)

†解答†

(1)　grad div　◯
(2)　grad grad　×　grad はスカラに作用してベクトルを作る．
　　　　　　　　　　ベクトルである grad には作用し得ない．
(3)　div grad　◯
(4)　div rot　◯
(5)　rot div　×　rot はベクトルに作用してベクトルを作る．
　　　　　　　　　　スカラである div には作用し得ない．
(6)　rot rot　◯
　◇ その他の組合せについても考えてみてください．

§例題 2.3§　　$\psi = x^2 + y^2$ のとき次の計算をしなさい．

(1)　$\nabla \psi$　　(2)　$\nabla \cdot (\nabla \psi)$　　(3)　$\nabla \times (\nabla \psi)$

†解答†

(1)　$\nabla \psi = \boldsymbol{a}_x \times 2x + \boldsymbol{a}_y \times 2y = 2(\boldsymbol{a}_x x + \boldsymbol{a}_y y)$
(2)　$\nabla \cdot (\nabla \psi) = 2 + 2 = 4$
(3)　$\nabla \times (\nabla \psi) = \begin{vmatrix} \boldsymbol{a}_x & \boldsymbol{a}_y & \boldsymbol{a}_z \\ \dfrac{\partial}{\partial x} & \dfrac{\partial}{\partial y} & \dfrac{\partial}{\partial z} \\ 2x & 2y & 0 \end{vmatrix} = 0$

§例題 2.4§　　$\boldsymbol{r} = \boldsymbol{a}_x x + \boldsymbol{a}_y y + \boldsymbol{a}_z z$ のとき，$\nabla r = \boldsymbol{r}/r$ を証明しなさい．

†解答†

$r = \sqrt{x^2 + y^2 + z^2}$ だから，$\partial r / \partial x = x/r$ etc.

$$\nabla r = \boldsymbol{a}_x \frac{\partial r}{\partial x} + \boldsymbol{a}_y \frac{\partial r}{\partial y} + \boldsymbol{a}_z \frac{\partial r}{\partial z} = \boldsymbol{a}_x \frac{x}{r} + \boldsymbol{a}_y \frac{y}{r} + \boldsymbol{a}_z \frac{z}{r} = \frac{\boldsymbol{r}}{r}$$

2.3 直角座標と極座標

我々が最もよく使うのは直角座標系ですが，場合によっては極座標系や円柱座標系も用います．ここでは，前 2 者について述べます．

直角座標系

図 2.1 のように，x, y, z 軸で表される座標系を**直角座標系**または**カルテシアン座標系**と呼びます．

座標系は**右手系**を用います．右手の親指の向きを x 軸，人差し指を y 軸とすると，z 軸は中指の向きになります．すなわち，x, y, z のうち，2 つは任意に選べますが，3 つ目は自由に決めることはできません．

点 $P(x_1, y_1, z_1)$ の位置は $x = x_1, y = y_1, z = z_1$ 面の交点として表されます．

直角座標の基本ベクトルは $\boldsymbol{a}_x, \boldsymbol{a}_y, \boldsymbol{a}_z$ で表し，その方向は位置によって変わることはありません．これらは，互いに直交しています．

点 P をベクトル表示すると，前節で述べたとおり次のようになります．

$$\overrightarrow{OP} = \boldsymbol{a}_x x_1 + \boldsymbol{a}_y y_1 + \boldsymbol{a}_z z_1 \tag{2.12}$$

極座標系

図 2.2 のように，R, θ, ϕ で表される座標系を**極座標系**と呼びます．

点 $P(R_1, \theta_1, \phi_1)$ は，半径 R_1 の球，半頂角 θ_1 の円錐，$x-z$ 面を y 軸方向に向かって角 ϕ_1 回転した面の交点として表されます．

基本ベクトルは R, θ, ϕ 軸方向の単位ベクトルで，$\boldsymbol{a}_R, \boldsymbol{a}_\theta, \boldsymbol{a}_\phi$ で表します．$\boldsymbol{a}_R$ は $\overrightarrow{OP}$ 方向，$\boldsymbol{a}_\theta$ は点 P における等経度線に接する方向，$\boldsymbol{a}_\phi$ は同じく等緯度線に接する方向になります．したがって，点により単位ベクトルの向きが変わります．ただし，これらはどの点でもお互いに直交しています．

x, y, z と R, θ, ϕ 間の関係は次のようになっています．

$$\begin{aligned} x &= R\sin\theta\cos\phi & R &= \sqrt{x^2+y^2+z^2} \\ y &= R\sin\theta\sin\phi & \theta &= \tan^{-1}(\sqrt{x^2+y^2}/z) \\ z &= R\cos\theta & \phi &= \tan^{-1}(y/x) \end{aligned} \tag{2.13}$$

2 序論 -II

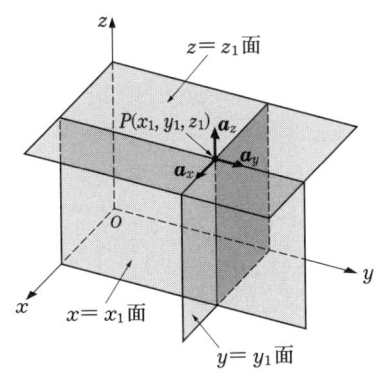

図 2.1 直交座標系

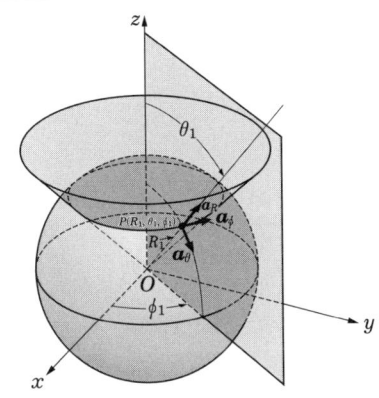

図 2.2 極座標系

§ 例題 2.5 §　点 P($R=100$〔m〕, $\theta=30$〔deg〕, $\phi=60$〔deg〕) および点 P における基本ベクトルを図に示しなさい.

† 解答 †

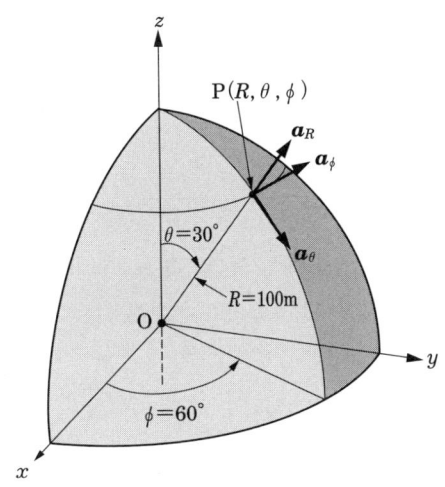

図 2.3 点 P の極座標表示

注意事項

x, y, z 軸を表示します.

図 2.3 のように 1/8 球を表示します.

100〔m〕は任意の長さで OK.

ϕ を 60〔deg〕らしくとります.

$\phi=60$〔deg〕の等緯度線を描きます.

θ を 30〔deg〕らしくとります.

等緯度線との交点が P となります.

点 P を明示します.

R, θ, ϕ を記入します.

点 P に基本ベクトルを示します.

17

2.4 進行波と定在波

一般に，ψ が z および t の関数 $\psi(z,t)$ であるとき，微分方程式

$$\frac{\partial^2 \psi(z,t)}{\partial z^2} - \frac{1}{u^2}\frac{\partial^2 \psi(z,t)}{\partial t^2} = 0 \tag{2.14}$$

を**波動方程式**と呼びます．この解は $\psi(z,t) = f(ut-z) + g(ut+z)$ で表されます．ここに f および g は任意の関数です．これが解であることは，$\partial^2\psi/\partial z^2$ および $\partial^2\psi/\partial t^2$ が式 (2.14) を満足することから容易にわかります．

ここで $f(ut-z)$ に着目してみます．図 2.4 において，$t = 0$, $z = 0$ における $f(ut-z)$ は $f(u \times 0 - 0) = f(0)$ です．$t = 1$, $z = u$ における値も $f(u \times 1 - u) = f(0)$ になります．すなわち，$f(ut-z)$ は速度 u で z 方向に進む**進行波**になっています．$g(ut+z)$ は速度 u で $-z$ 方向に進行波を示します．

ψ が単一正弦波 $\psi = V(z,t) = V(z)e^{j\omega t}$ のときは，$\partial/\partial t = j\omega$ となり，波動方程式およびその解は次のようになります（付録 A.6 参照）．

$$\frac{d^2 V(z)}{dz^2} + \frac{\omega^2}{u^2}V(z) = 0 \tag{2.15}$$

$$V(z,t) = V_1 e^{j(\omega t - \beta z)} + V_2 e^{j(\omega t + \beta z)} \tag{2.16}$$

ここに $\beta = \omega/u$ です．第 1 項を瞬時値で表すと，$v(z,t) = V_1 \cos(\omega t - \beta z)$ となり，z 方向への進行波を表します．図 2.5 (a) は z を横軸に，t をパラメータにとった進行波を示します．

これに対し，$v(z,t) = V_1 \cos(\omega t) \cos(\beta z)$ を考えてみましょう．$\cos(\beta z)$ は横軸を z にとった場合正弦波です．$v(z,t)$ は，この値を最大値（あるいは最小値）として，時間に対し上下に変化するだけです．このような波を**定在波**といいます．図 2.5 (b) に定在波を示します．(a) との差異に注目してください．

ベクトルの場合の波動方程式は $\nabla^2 \boldsymbol{A} - (1/u^2)(\partial^2 \boldsymbol{A}/\partial t^2) = 0$ となりますが，$\boldsymbol{A}$ が z 方向に進む正弦波であるときは，次のように表されます．

$$\frac{d^2 \boldsymbol{A}}{dz^2} + \beta^2 \boldsymbol{A} = 0 \tag{2.17}$$

この方程式の解も，式 (2.15) と同様に取り扱うことができます．

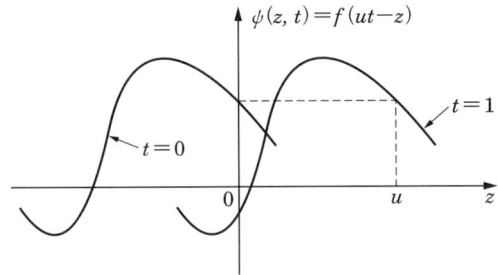

図 2.4　$f(ut-z)$ の動き

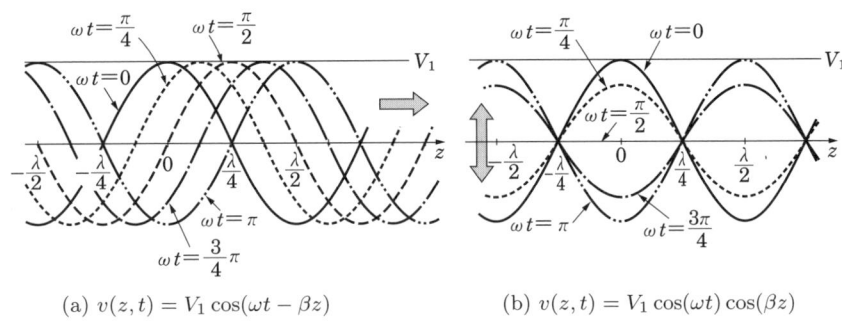

(a) $v(z,t) = V_1 \cos(\omega t - \beta z)$　　　(b) $v(z,t) = V_1 \cos(\omega t)\cos(\beta z)$

図 2.5　進行波と定在波

参考 ◇　$\cos(\omega t - \beta z)$ の速度

$\cos(\omega t - \beta z) = \cos\beta\{(\omega/\beta)t - z\}$ ですから，$f(ut-z)$ との対比により，波の速度は $u = \omega/\beta$ であることが分かります．

§ 例題 2.6 §　　周波数 1.0〔MHz〕，速度 3.0×10^8〔m/s〕で z 方向に進む波を $v(z,t) = V_0 \cos(\omega t - \beta z)$ と表したとき，ω, β の値を求めなさい．

† 解答 †

1.0〔MHz〕$= 10^6$〔Hz〕ですから，$\omega = 2\pi \times 10^6 \cong 6.28 \times 10^6$〔rad/s〕．
また，$\omega^2/u^2 = \beta^2$ とおいたわけですから，

$$\beta = \frac{6.28 \times 10^6}{3.0 \times 10^8} \cong 2.09 \times 10^{-2} \text{〔rad/m〕}$$

章末問題 2

1. $|\boldsymbol{A}| = 8$, $|\boldsymbol{B}| = 4$ で，$\boldsymbol{A}$, $\boldsymbol{B}$ 間の角度が 30〔deg〕であるとき，$\boldsymbol{A} \cdot \boldsymbol{B}$, $\boldsymbol{A} \times \boldsymbol{B}$ を求めなさい．

2. $\boldsymbol{A} = 2\boldsymbol{a}_x + \boldsymbol{a}_y$, $\boldsymbol{B} = \boldsymbol{a}_x - 3\boldsymbol{a}_y$ のとき，$\boldsymbol{A}$, $\boldsymbol{B}$, $\boldsymbol{A} + \boldsymbol{B}$, $\boldsymbol{A} - \boldsymbol{B}$ を $x - y$ 面上に図示しなさい．

3. $\psi = x^2 + y^2 + z^2$ のとき，$\nabla \psi$, $\nabla \cdot (\nabla \psi)$, $\nabla \times (\nabla \psi)$ を求めなさい．

4. 直角座標における点 P$(x = 3, y = 0, z = -2)$ と，同点における基本ベクトルを図示しなさい．

5. 極座標における点 P$(R = 10$〔m〕$, \theta = 90$〔deg〕$, \phi = 45$〔deg〕$)$ と，同点における基本ベクトルを図示しなさい．

6. 次のベクトルはどちらを向いており，どちらに進行していますか？
   (1) $\boldsymbol{e} = \boldsymbol{a}_y E_0 \cos(\omega t - \beta x)$
   (2) $\boldsymbol{e} = \boldsymbol{a}_x \frac{E_0}{2} \cos(\omega t + \beta z) + \boldsymbol{a}_y \frac{\sqrt{3}E_0}{2} \cos(\omega t + \beta z)$

7. $t = 0, \pi/2, \pi$ における次式の波形を z を横軸にとって示しなさい．
   (1) $v = V_0 \cos(t - z)$　　(2) $v = V_0 \cos t \cos z$

† ヒント †

1. ベクトルの場合は向きを示すことが必要です．

2. まず計算をしてからプロットしてください．

3. 例題 2.3 の拡張版です．

4. 直角座標では基本ベクトルの向きは位置に無関係に一定です．

5. 例題 2.5 を参考にして描いてください．

6. ベクトルの向きと波の進行方向を混同しないようにしてください．

7. 進行波と定在波．

3 マクスウェルの方程式

　皆さんは"電磁気学"において，静電界に始まり電流界，磁界，電磁誘導などを経て電磁界に至り，マクスウェルの方程式を学ばれたことと思います．"高周波の基礎"においては，マクスウェルの方程式が出発点となり，種々の電磁波の振る舞いを学ぶことになります．したがって，ここでもう一度この方程式を振り返り，その意味するところをしっかり把握するとともに，それに関連する事項をマスターしていただきたいと思います．本章では，次の4項目に焦点をしぼって述べることにします．

(1)　マクスウェルの方程式
(2)　マクスウェルの方程式の積分形
(3)　境界条件
(4)　ポインティングベクトル

　まずマクスウェルの方程式を示し，その意味を考えます．マクスウェルの方程式というと拒絶反応を示す方がいますが，何も難しいものではありません．ここでまず，この方程式に親近感を持っていただきたいと思います．次に，マクスウェルの方程式の積分形を示します．ちょっとした変形により，これらの方程式は電磁気学で学んだおなじみの表現と等価なのだということが分かります．さらに，すでに電磁気学で学んだ境界条件の復習をします．特に片方が完全導体であるとどうなるかを述べます．最後に電波によって運ばれる電力を示すポインティングベクトルについて説明します．

3.1 マクスウェルの4方程式

とりあえずマクスウェルの方程式を記すと，次のとおりです．

$$\nabla \times \boldsymbol{E} = -\frac{\partial \boldsymbol{B}}{\partial t} \tag{3.1}$$

$$\nabla \times \boldsymbol{H} = \boldsymbol{J} + \frac{\partial \boldsymbol{D}}{\partial t} \tag{3.2}$$

$$\nabla \cdot \boldsymbol{D} = \rho \tag{3.3}$$

$$\nabla \cdot \boldsymbol{B} = 0 \tag{3.4}$$

まずこれらの式の意味を考えてみましょう．第1式の $\nabla \times \boldsymbol{E}$ は rot$\boldsymbol{E}$ とも表され，電界の渦ができていることを示しています．数式の取扱いに重点をおくときは前者を用い，物理的な意味を重視するときは後者を用います．$\partial \boldsymbol{B}/\partial t$ は磁束密度の時間変化を示すため，第1式は"磁束密度に時間変化があると，その周りにその変化を妨げるように渦状に電界ができる"ということを意味しています．

同様にして第2式は，"電流が流れていたり電束に時間変化があったりすると，その周りに磁界ができる"ことを意味しています．電束の時間変化を**変位電流**と呼び，電流同様その周りに磁界を作ります．電束密度の時間変化 $\partial \boldsymbol{D}/\partial t$ は**変位電流密度**といいます．

第3式 $\nabla \cdot \boldsymbol{D} = \rho$ は div $\boldsymbol{D} = \rho$ とも表されます．div は湧き出しですから，この式は"電荷があればそこから電束が湧き出す"ことを意味しています．

第4式 $\nabla \cdot \boldsymbol{B} = 0$ はしたがって"磁束には湧き出す源がない"，すなわち，独立磁荷がないことを意味しています．これは電流が作る磁界を考えると明らかです．

これら4式は必ずしも独立ではありません．第3式および第4式は第1式，第2式および電流連続の方程式から導くことができます．したがって，第1および第2式をもってマクスウェルの方程式ということもよくあります．

マクスウェルの方程式は電磁気現象の基本的関係を与えますが，実際に応用するには $\boldsymbol{D} = \varepsilon \boldsymbol{E}$, $\boldsymbol{B} = \mu \boldsymbol{H}$ のような補助式を用いなければなりません．補助式はマクスウェルの方程式ほど一般性を有していませんが，実際に起こる多くの問題に対して適用できるものです．

3 マクスウェルの方程式

§ 例題 3.1 §　極板面積 S，電極間距離 d，媒質の誘電率 ε の平行平板コンデンサの両極間に，$v_c = V\sin\omega t$ の電圧を印加しました．コンデンサ内を流れる変位電流は電線を流れる電流と等しいことを示しなさい．

† 解答 †

電線を流れる電流 i_c は，コンデンサの容量を C とすると，$v_c = (1/C)\int i_c dt$ ですから，

$$i_c = C\frac{dv_c}{dt} = CV\omega\cos\omega t = \varepsilon\frac{S}{d}V\omega\cos\omega t$$

一方，コンデンサ内の電界は $E = v_c/d$ ですから，$D = \varepsilon E = \varepsilon(V/d)\sin\omega t$．したがって，変位電流 i_d は次のように i_c と等しくなります．

$$i_d = \int_S \frac{\partial \boldsymbol{D}}{\partial t}\cdot d\boldsymbol{S} = S\frac{\partial D}{\partial t} = \varepsilon\frac{S}{d}V\omega\cos\omega t$$

参考 ◇　**変位電流** _____

　上の例題からも分かるとおり，変位電流は空間を流れる電流と解釈されます．昔は，誘電体の分極が原因ではないかということからこう名付けられました．したがって，真空中にも誘電体（エーテル）が存在しなければなりませんが，このような媒質は見つかりませんでした．マクスウェルは電磁現象の説明に「界」の考え方を導入してこの問題に決着をつけ，また，彼の導いた方程式から電磁波の存在を予言しました．電波が発見される 30 年も前のことです．しかし，変位電流の名前はそのまま残って今も用いられているという次第です．

参考 ◇　**マクスウェルの方程式はなぜアンバランスなのか？** _____

　マクスウェルの第 2 式に $\boldsymbol{J}$ があるのに，第 1 式にはこれに対応する項がありません．$\boldsymbol{J}$ は電流密度ですから，磁流密度があってもいいように思われます．これは，磁荷は必ず正負がペアで存在するため，独立磁荷がないからです．もし，独立磁荷があれば，磁流 $\boldsymbol{J}_m$ が存在し，マクスウェルの方程式 2 式は次のようになって，対称性が保たれます．

$$\nabla \times \boldsymbol{E} = -\boldsymbol{J}_m - \frac{\partial \boldsymbol{B}}{\partial t}$$

$$\nabla \times \boldsymbol{H} = \boldsymbol{J} + \frac{\partial \boldsymbol{D}}{\partial t}$$

3.2 マクスウェルの方程式の積分形

前節で示したマクスウェルの方程式は微分形であり，空間のあらゆる点で成り立ちます．しかし，ある形状を持った対象に対して電磁気現象を説明するためにはマクスウェルの方程式の積分形を用いる必要があります．

図 3.1 において，閉曲線 c を含む閉曲面 S を考え，この面について第 1 式の積分をとります．

$$\int_S (\nabla \times \boldsymbol{E}) \cdot d\boldsymbol{S} = -\int_S \frac{\partial \boldsymbol{B}}{\partial t} \cdot d\boldsymbol{S} \tag{3.5}$$

左辺にストークスの定理を適用すると，右辺は $-d\Phi/dt$ ですから，

$$\oint_c \boldsymbol{E} \cdot d\boldsymbol{s} = -\frac{d\Phi}{dt} \tag{3.6}$$

これは電磁誘導で学んだファラデーの法則にほかなりません．

同様に面 S について第 2 式の積分をとり，ストークスの定理を適用すると，

$$\oint_c \boldsymbol{H} \cdot d\boldsymbol{s} = I + \int_S \frac{\partial \boldsymbol{D}}{\partial t} \cdot d\boldsymbol{S} \tag{3.7}$$

右辺の第 2 項は変位電流ですが，これがなければ，電流磁界で学んだアンペア周回積分の法則にほかなりません．この式は，変位電流まで考慮に入れた，拡張されたアンペア周回積分の法則です．

次に，閉曲面 S で囲まれた体積 V を考え，第 3 式の積分をとると，$\int_V \nabla \cdot \boldsymbol{D} dv = \int_V \rho dv$ となります．積分式の左辺にガウスの定理を適用し，また右辺は体積 V 中の電荷にほかならないことに着目すると，

$$\oint_S \boldsymbol{D} \cdot d\boldsymbol{S} = Q \tag{3.8}$$

これは電束に関するガウスの法則です．

同様に体積 V について第 4 式の積分をとり，ガウスの定理を適用すると，

$$\oint_S \boldsymbol{B} \cdot d\boldsymbol{S} = 0 \tag{3.9}$$

これには特別な法則名は付いていませんが，式 (3.8) と比べると，独立した**磁荷**というものがないこと，また閉曲面 S を出入りする磁束は，トータル 0 になることが分かります．

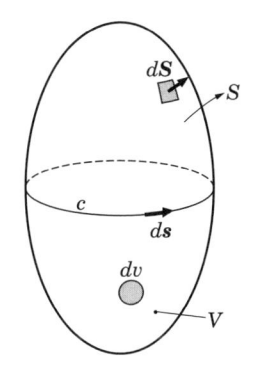

c：閉曲線
ds：閉曲線 c 上の微小線分
S：閉曲線 c を含む閉曲面
dS：閉曲面 S 上の微小面積
V：閉曲面 S に囲まれた体積
dv：体積 V 内の微小体積

図 **3.1** 閉曲線 c, 閉曲面 S, 体積 V の関係

参考 ◇ ストークスの定理とガウスの定理 ───────────────

ストークスの定理は面積積分と線積分の相互変換を行うのに便利な式です．

$$\int_S (\nabla \times \boldsymbol{A}) \cdot d\boldsymbol{S} = \oint_c \boldsymbol{A} \cdot d\boldsymbol{s} \tag{3.10}$$

ガウスの定理は体積積分と面積積分の相互変換を行うのに便利な関係です．

$$\int_V \nabla \cdot \boldsymbol{A}\, dv = \oint_S \boldsymbol{A} \cdot d\boldsymbol{S} \tag{3.11}$$

§ 例題 **3.2**§　保存的な電界では，$\oint_c \boldsymbol{E} \cdot d\boldsymbol{s} = 0$ が成り立ちます．これはマクスウェルの方程式ではどのように表され，何を意味しているでしょうか．

† 解答 †

ストークスの定理により左辺は，

$$\oint_c \boldsymbol{E} \cdot d\boldsymbol{s} = \int_S (\nabla \times \boldsymbol{E}) \cdot d\boldsymbol{S}$$

ここで面積積分は，経路 c で囲まれる任意の面について成り立たねばなりませんから，$\nabla \times \boldsymbol{E} = 0$. したがって，マクスウェルの第 1 式は，

$$\nabla \times \boldsymbol{E} = -\frac{\partial \boldsymbol{B}}{\partial t} = 0$$

これは磁界が一定，すなわち磁界の時間的変化がないことを意味しています．

3.3 境界条件

物理的な性質の異なる 2 つの媒質 I, II が接している時，境界における電磁界がどうなるかを定めるのが境界条件です．ここでは結果だけを示すことにします．

一般媒質の場合

媒質 I における電磁界を E_{It}, H_{In} など，媒質 II における電磁界を E_{IIt}, H_{IIn} などと記すことにします．なお，t, n は，それぞれ，境界面の接線方向成分，法線方向成分であることを示します．

媒質が完全導体でない場合の境界条件は次のようになります．

$$E_{It} = E_{IIt}, \quad H_{It} = H_{IIt} \tag{3.12}$$

$$D_{In} = D_{IIn}, \quad B_{In} = B_{IIn} \tag{3.13}$$

すなわち，境界面において電界，磁界の接線成分，電束密度，磁束密度の法線成分は連続です．この様子を図 3.3 および図 3.5 に示します．

片方が完全導体の場合

完全導体の内部には電界も磁界も存在しません．また完全導体の持つ電荷および電流はその表面にのみ存在します．**表面電荷密度を** ρ_s, **表面電流密度を** $\boldsymbol{J}_s$ とすると，境界条件は表 3.1 のようになります．ここに $\boldsymbol{n}$ は境界面の単位ベクトルで，完全導体から外を向いています．

表 3.1 片方が完全導体の場合の境界条件

	媒質 I	媒質 II
電　界	$|\boldsymbol{E}_I| = E_{In} = \rho_s/\varepsilon_I$	0
表面電荷	0	$\rho_s = D_{In}$
磁　界	$|\boldsymbol{H}_I| = H_{It} = |\boldsymbol{J}_s|$	0
表面電流	0	$\boldsymbol{J}_s = \boldsymbol{n} \times \boldsymbol{H}_{It}$
電束密度	$|\boldsymbol{D}_I| = D_{In} = \rho_s$	0
磁束密度	$|\boldsymbol{B}_I| = B_{It} = \mu|\boldsymbol{J}_s|$	0

3 マクスウェルの方程式

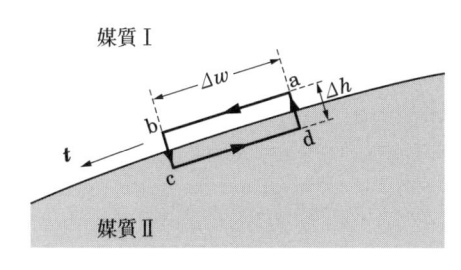

図 3.2 電界の積分路

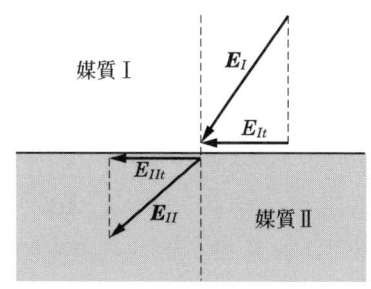

図 3.3 電界ベクトル

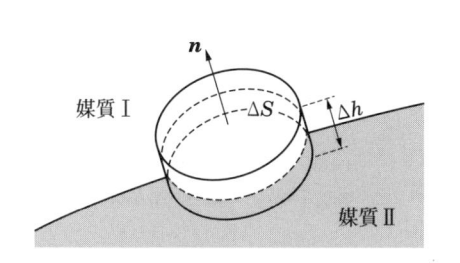

図 3.4 電束密度の積分面

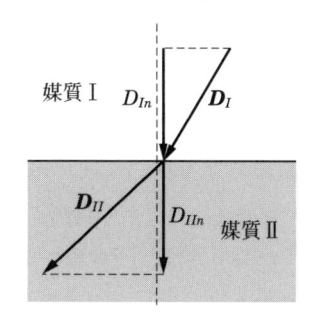

図 3.5 電束密度ベクトル

参考 ◇ 一般媒質の境界条件の求め方

電界および磁界の境界条件は，図 3.2 の小さな閉回路 abcda についてマクスウェルの方程式の第 1 式および第 2 式を積分することにより求めることができます．電束密度と磁束密度は図 3.4 の小円筒 $\Delta S \times \Delta h$ について第 3, 4 式を積分することにより求められます．

参考 ◇ 完全導体の境界条件の特殊性

電界の接線成分は導体内の電界との連続性から 0 になります．磁界の境界条件は，完全導体に表面電流 $\bm{J}_s = \bm{n} \times \bm{H}_I$ が流れることにより保たれます．すなわち，媒質 I 側には境界面に平行な磁界が存在し，導体には磁界は存在しませんが，導体表面上に磁界に直交して電流密度 $\bm{J}_s$ が誘起されます．

電束密度の法線成分は導体の表面電荷密度に等しくなります．すなわち，電束は，導体の表面電荷 ρ_s から境界面に垂直に発生することになります．

27

3.4 ポインティングベクトル

電磁界は後章で述べる電磁波の形でエネルギーを遠隔地に伝搬します．本節では，この電力と電磁界の関係を述べます．

ポインティングベクトルの一般式

ある体積 V 内で発生したエネルギーから，同じ体積内で消費されるエネルギーおよび蓄えられる電磁界エネルギーを差し引くとその体積から出て行くエネルギーになります．マクスウェルの方程式からスタートしてこれを計算し，単位面積当たり出て行く複素電力を求めると，経過は省略しますが次のようになります．

$$S = E \times H \tag{3.14}$$

S は発見者にちなんで**ポインティングベクトル**と呼ばれます．ポインティングベクトルは，任意の点・任意の時刻において成り立ち，かつ電界にも磁界にも直交するベクトルになります．図 3.6 にポインティングベクトルとその方向を示します．

単一正弦波のポインティングベクトル

正弦波の場合は，ある時刻における値よりも，平均値で評価したほうが実際的です．式 (3.14) を一周期にわたって平均すると，平均ポインティングベクトル S_{av} は次のようになります．* は共役複素数を表します．

$$S_{av} = \frac{1}{2}\{E \times H^*\} \tag{3.15}$$

もし，電界と磁界が同相であればこの式は式 (3.16) のように * はなくなります．さらに，電磁界を実効値 E_{eff}, H_{eff} で表すと式 (3.17) のように表されます．また，直流電磁界 E_{dc}, H_{dc} にも適用でき，式 (3.18) のようになります．

$$S_{av} = \frac{1}{2}\{E \times H\} \tag{3.16}$$

$$S_{av} = E_{eff} \times H_{eff} \tag{3.17}$$

$$S_{dc} = E_{dc} \times H_{dc} \tag{3.18}$$

◇ 当然のことですが，E, H をピーク値で表すか，実効値で表すかによって式の形が変わります．どちらを使っているのかに注意しましょう．

3 マクスウェルの方程式

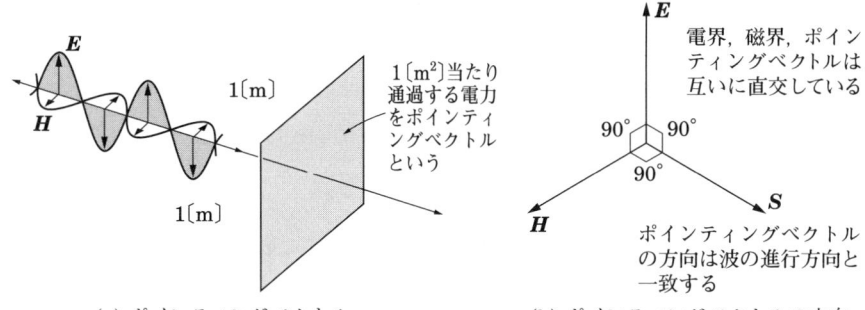

(a) ポインティングベクトル (b) ポインティングベクトルの方向

図 3.6 ポインティングベクトルとその方向

§例題 3.3§　図 3.7 のように，幅 w [m] 間隔 d [m] の十分大きい金属平行板に負荷と直流電圧 V [V] を加えたところ電流 I [A] が流れました．電流，板間の電界は一様として板間を流れる電力を求めなさい．

(a) 電圧・電流の関係図　(b) 電流・磁界の関係図

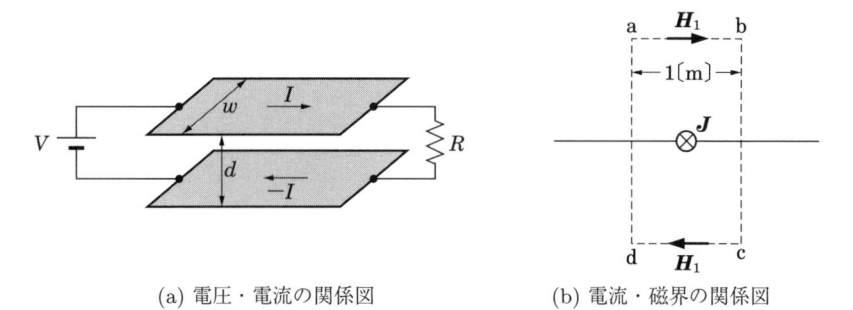

図 3.7　平行平板間の電圧・電流と電流・磁界の関係

†解答†

電界は $E = V/d$ [V/m] で，上から下に向いています．金属板は十分大きいので磁界は板に平行にできます．図 3.6 の閉回路 abcda に沿って磁界を一周積分すると，$H_1 \times 1 + H_1 \times 1 = J$ ですから，$H_1 = I/(2w)$ [A/m] となります．帰路電流も含めると，板間磁界は足し合わされ，$H = 2H_1 = I/w$ [A/m] となり電界に直交します．電磁界のイメージは図 9.7 を参照してください．
$|S_{dc}| = |\boldsymbol{E} \times \boldsymbol{H}| = (V/d) \times (I/w) = VI/wd$ で，負荷の方を向きます．板間を伝わる全電力は $W = S_{dc} \times wd = VI$ [W] となります．

章末問題 3

1. 比誘電率 $\varepsilon_r = 1.0$, $\sigma = 6.0 \times 10^7$ 〔S/m〕の導体（銅）があります．10〔GHz〕において導電電流密度は変位電流密度の何倍になりますか？

2. 次の文章の空欄に適切な語句を充当しなさい．
   (1) $\nabla \times \boldsymbol{E} = -\partial \boldsymbol{B}/\partial t$ を，閉回路 c で囲まれた面積 S にわたって積分すると，左辺は（ 1 ）の定理により線積分に変換され，$\oint_c \boldsymbol{E} \cdot d\boldsymbol{s}$，右辺は S を通る磁束 Φ を用いて（ 2 ）と表せる．これは（ 3 ）の法則である．
   (2) $\nabla \times \boldsymbol{H} = \boldsymbol{J} + \partial \boldsymbol{D}/\partial t$ を同様に積分すると，（ 4 ）=（ 5 ）+ $\int (\partial \boldsymbol{D}/\partial t) \cdot d\boldsymbol{S}$ を得る．これは拡張された（ 6 ）の法則である．

3. 図 3.3 において，誘電率 ε_1 の媒質 I 中の電界 $\boldsymbol{E}_1$ および誘電率 ε_2 の媒質 II 中の電界 $\boldsymbol{E}_2$ が境界面の法線となす角を，それぞれ θ_1, θ_2 とします．$\boldsymbol{E}_2$ の大きさを，E_1, ε_1, ε_2, θ_1 を用いて表しなさい．

4. 抵抗 R〔Ω〕の円筒形の抵抗体に電流 I〔A〕を流しました．抵抗体内で消費される電力をポインティングベクトルから求めなさい．

5. 同軸ケーブルの一端で，内部導体と外部導体の間に負荷が接続されています．他端に直流電圧 V〔V〕を加えたところ電流 I〔A〕が流れました．ケーブル内を伝わる電力をポインティングベクトルを用いて誘導しなさい．

† ヒント †

1. $E = E_0 e^{j\omega t}$ とすると，$J_c = \sigma E_0 e^{j\omega t}$, $J_d = j\omega \varepsilon E_0 e^{j\omega t}$．

2. 本文参照．電束，磁束についても各自試みてください．

3. $E_1 \sin \theta_1 = E_2 \sin \theta_2$, $\varepsilon_1 E_1 \cos \theta_1 = \varepsilon_2 E_2 \cos \theta_2$ の関係を $E_2 = \sqrt{(E_2 \sin \theta_2)^2 + (E_2 \cos \theta_2)^2}$ に代入します．

4. 円筒の半径を a〔m〕，長さを l〔m〕とすれば，$E = RI/l$, $H = I/(2\pi a)$

5. 半径 r の点の電界を V を用いて表します（9.2 節参照）．磁界は自明．

4 真空中の平面電磁波 -I

　本章から，いよいよ電磁波を取り上げます．電磁波とは時間と共に変化する電界と磁界が互いに絡み合って伝搬して行く波動をいいます．周波数 300 万メガヘルツ以下の電磁波を電波ということは 1.1 節で述べたとおりです．その中でも最も基本的な，単一正弦波による平面電磁波が真空中を特定の方向に伝搬する場合を考えてみましょう．ここでは，このような基本的な場合の電磁波がどういう形で表されるか，その中に出てくるいろいろなパラメータの持つ意味等をしっかり学んでいただきたいと思います．

(1) 球面電磁波と平面電磁波
(2) 平面電磁波の条件と式
(3) 真空中の平面電磁波
(4) 平面電磁波の性質

　平面電磁波は球面電磁波の半径が無限大になった場合であり，厳密な意味では実在しない形態であることを述べます．マクスウェルの方程式は非常に一般性がありますが，その反面，これを一般的に解くことはできません．特定の解を得るためには，いろいろな制約条件をつけて，問題を特定化することが必要になります．その最も取り扱いやすい例が平面電磁波です．そこで，平面電磁波の条件とこれを表す式を考えます．次に，この条件下で，電磁界が既知の形に簡略化されることを確かめます．最後に，この波がどういう性質を持つかを明らかにします．

4.1 球面電磁波と平面電磁波

電磁波が発生するには何がしかの発生源がなければなりません．発生源の大きさは限られているため，非常に大きなスケールで見れば点波源と考えられます．したがって，電磁波はこれを中心として球面状に広がって行きます．言い換えると，点波源を中心とした球面上では電磁界は等位相になっています．このような電磁波を**球面電磁波**といいます．図 4.1 に球面電磁波の等位相のモデル図を示します．

平面電磁波とは，等位相面が波の進行方向に垂直な平面になっている電磁波をいいます．図 4.2 に平面電磁波の等位相のモデル図を示します．こうなるためには，波源は無限大の平面でなければなりませんから，このような波は実在しません．しかし，発生源からの距離が十分遠くなっていれば，等位相面を平面と考えても不都合がない場合が多くあります．

電磁波の伝搬をイメージしたり，式で取り扱ったりする場合，直角座標を用いる方が，極座標よりも簡単だということもあります．このように，厳密には実在しないのですが平面電磁波について解析することにします．

解析の前提として，電磁界ベクトルが空間的な位置の関数であり，かつ時間に対し正弦波状に変化するとします．これにより，$\partial/\partial t \rightarrow j\omega$ と表すことができます．また，電磁界が伝搬する媒質は真空（誘電率 ε_0，透磁率 μ_0）であるとします．空気の誘電率，透磁率も真空のそれとあまり変わりませんから，実質的には空中を伝搬すると考えても差し支えありません．さらに，$D = \varepsilon_0 E$，$B = \mu_0 H$ の補助式を用いると，マクスウェルの方程式は次のように表すことができます．

$$\nabla \times E = -j\omega\mu_0 H \tag{4.1}$$

$$\nabla \times H = J + j\omega\varepsilon_0 E \tag{4.2}$$

参考 ◇ 電界の表示 ─────────────────

電界ベクトルは，フェーザを用いると $E(x,y,z,t) = \mathbf{E}(x,y,z)e^{j\omega t}$ と表されます．ただし本書では，1.3 節で述べたように，時変ベクトルとフェーザを特に区別しないで E と記すことにしています．

4 真空中の平面電磁波 -I

点波源からの放射.
電磁波はあらゆる方向に伝搬.
波源から等距離の点は等位相.
等位相面は球になります.
波の進行方向は等位相面に直交.
放射電力を W_t が角度に無関係に均等に放射されるとすると，距離 d における電力密度は，

$$|S| = \frac{W_t}{4\pi d^2}$$

すなわち，ポインティングベクトルは距離の 2 乗に反比例します.

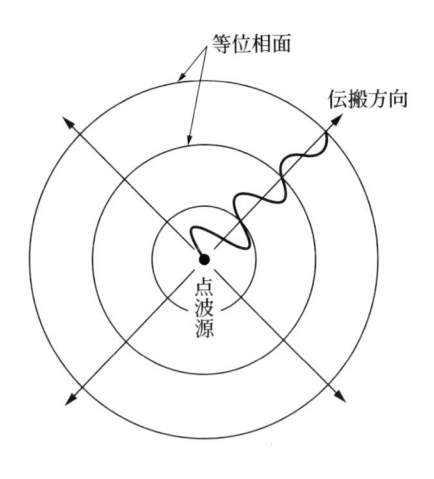

図 4.1 球面電磁波の概念図

無限に大きい面波源からの放射.
波源が等位相であれば，波源から等距離の点は等位相になります.
したがって，等位相面は平面になります.
電磁波は 1 方向のみに伝搬.
波の進行方向は等位相面に直交.
ポインティングベクトルは不変.
(波源の単位面積当たり電力がそのまま伝搬する)
これは面電荷密度 $\sigma [\mathrm{C/m^2}]$ の無限平面による電界の強さは $E = \frac{\sigma}{2\varepsilon_0}$ となり距離に無関係になるのと同じです.

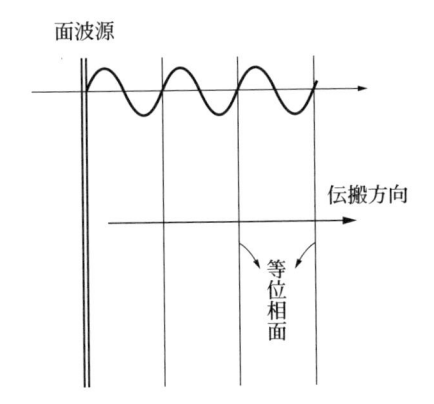

図 4.2 平面電磁波の概念図

4.2 平面電磁波の条件と式

平面電磁波の条件として次の事項を導入します．
(1) 対象とする範囲内には電流源も電荷もない．
(2) 電磁波は z 方向に進行する．したがって，$x-y$ 面に平行な面が等位相面になり，この面内で電界・磁界は一定になります．

条件 (1) により，マクスウェルの方程式 2 式は，次のようになります．

$$\nabla \times \boldsymbol{E} = -j\omega\mu_0 \boldsymbol{H} \tag{4.3}$$

$$\nabla \times \boldsymbol{H} = j\omega\varepsilon_0 \boldsymbol{E} \tag{4.4}$$

条件 (2) により，これらの式は次のように簡単化されます．

$$E_x = -\frac{1}{j\omega\varepsilon_0}\frac{dH_y}{dz}, \quad E_y = \frac{1}{j\omega\varepsilon_0}\frac{dH_x}{dz}, \quad E_z = 0 \tag{4.5}$$

$$H_x = \frac{1}{j\omega\mu_0}\frac{dE_y}{dz}, \quad H_y = -\frac{1}{j\omega\mu_0}\frac{dE_x}{dz}, \quad H_z = 0 \tag{4.6}$$

式 (4.5) および (4.6) から次のことが分かります．

(1) 電界および磁界の z 成分は 0 です．すなわち，電界も磁界も電磁波の進行方向の成分を持ちません．これが，電波は横波であるといわれる所以です．
(2) これらの方程式は，(E_x, H_y) の組合せ，(E_y, H_x) の組合せになっています．

このうち前者の組合せについて考えてみましょう．式 (4.6) の第 2 式を z について微分し，式 (4.5) の第 1 式に代入する，または，式 (4.5) の第 1 式を z について微分し，式 (4.6) の第 2 式に代入することにより，次の微分方程式を得ます．

$$\frac{d^2 E_x}{dz^2} + \beta_0^2 E_x = 0 \quad \frac{d^2 H_y}{dz^2} + \beta_0^2 H_y = 0 \tag{4.7}$$

ここに，β_0 は次式で表される値で，位相定数と呼ばれます．

$$\beta_0 = \omega\sqrt{\varepsilon_0\mu_0} = \frac{\omega}{c} \tag{4.8}$$

これらの微分方程式はヘルムホルツの方程式と呼ばれ，一種の波動方程式になっています．

参考 ◇ 条件 (1) の意味

電荷があると，それから電束すなわち電界が発生します．また，高周波電流があると，それから電磁界が発生します．対象とする領域の中には，これらの電磁界発生要因は考えないということです．

参考 ◇ 式 (4.5), (4.6) の導出法

等位相面は z 軸に直交していますから，x-y 面に平行になります．この面内では電界や磁界は同じ値をとります．したがって $\partial/\partial x = \partial/\partial y = 0$ です．変数は z だけなので，$\partial/\partial z = d/dz$ となります．

この関係を式 (4.3) に代入すると，

$$\begin{vmatrix} \boldsymbol{a}_x & \boldsymbol{a}_y & \boldsymbol{a}_z \\ \dfrac{\partial}{\partial x}=0 & \dfrac{\partial}{\partial y}=0 & \dfrac{\partial}{\partial z}=\dfrac{d}{dz} \\ E_x & E_y & E_z \end{vmatrix} = -j\omega\mu_0 \boldsymbol{H}$$

これを展開すると，

$$-\boldsymbol{a}_x \frac{dE_y}{dz} + \boldsymbol{a}_y \frac{dE_x}{dz} = -j\omega\mu_0(\boldsymbol{a}_x H_x + \boldsymbol{a}_y H_y + \boldsymbol{a}_z H_z)$$

左辺と右辺の $\boldsymbol{a}_x, \boldsymbol{a}_y, \boldsymbol{a}_z$ の各項を等しいとおくと式 (4.6) が得られます．

式 (4.4) について同様の取扱いをすると式 (4.5) を得ます．

参考 ◇ 式 (4.7), (4.8) の導出法

式 (4.6) の第 2 式を z について微分すると次式を得ます．

$$\frac{dH_y}{dz} = \left(-\frac{1}{j\omega\mu_0}\right) \frac{d^2 E_x}{dz^2}$$

これを式 (4.5) 第 1 式に代入すると，

$$E_x = \left(-\frac{1}{j\omega\varepsilon_0}\right)\left(-\frac{1}{j\omega\mu_0}\right)\frac{d^2 E_x}{dz^2}$$

$$\beta_0 = \omega\sqrt{\varepsilon_0\mu_0} \quad \text{とおくと}$$

$$\frac{d^2 E_x}{dz^2} + \beta_0^2 E_x = 0$$

式 (4.5) 第 1 式を微分し式 (4.6) 第 2 式に代入すると H_y に関する式を得ます．

4.3 真空中の平面電磁波

前節で導いたヘルムホルツの方程式は，簡単な 2 次微分方程式ですから容易に解くことができ，E_x に関する一般解は次のようになります．

$$E_x = E_{x1}e^{-j\beta_0 z} + E_{x2}e^{j\beta_0 z} \tag{4.9}$$

ここに E_{x1}, E_{x2} は積分定数で，初期条件によって定まります．式 (4.9) を z について微分し，式 (4.6) 第 2 式に代入すると次のようになります．

$$H_y = \frac{1}{Z_0}(E_{x1}e^{-j\beta_0 z} - E_{x2}e^{j\beta_0 z}) \tag{4.10}$$

$$Z_0 = \sqrt{\frac{\mu_0}{\varepsilon_0}} \tag{4.11}$$

式 (4.10) 第 1 項の意味を考えてみましょう．前述したとおり，電界および磁界を表す各項目は $e^{j\omega t}$ が省略されていますから，これを掛けて実部をとると，

$$e_{x1} = Re[E_{x1}e^{-j\beta_0 z}e^{j\omega t}] = |E_{x1}|\cos(\omega t - \beta_0 z + \varphi) \tag{4.12}$$

ここに φ は E_{x1} の位相角です．この式を見て分かるとおり，解は $(\omega t - \beta_0 z)$ の関数となっており，ω/β_0 の速度で $+z$ 方向に進む波動を表しています．

E_x の第 1 項に対応する H_y の第 1 項も，$+z$ 方向に進む波です．また前提条件により電界および磁界は x, y に無関係ですから，伝搬方向に垂直な面内において等位相になっています．また，瞬時値を求めると，cos の括弧内は式 (4.12) と同じ形になりますから，電界と磁界は同位相であることが分かります．

E_x の第 2 項は $e^{j\beta_0 z}$ が示すとおり，$-z$ 方向に進む波を示しています．H_y の第 2 項も同様に $-z$ 方向に進む波ですが，符号がマイナスになっています．

以上から，電界の解は，振幅 E_1 で $+z$ 方向に進む波と，振幅 E_2 で $-z$ 方向に進む波の合成であることが分かります．図 4.3 にこの模様を示します．

これまでは，E_x, H_y の組合せについて述べました．もう 1 つの E_y, H_x の組合せでは，電界が $+y$ 軸方向，磁界が $-x$ 方向を向いていることが分かります．すなわち，いずれの場合も，電界から磁界に右ねじを 90 〔deg〕回したとき，ねじの進む方向が波の進む方向になっています．

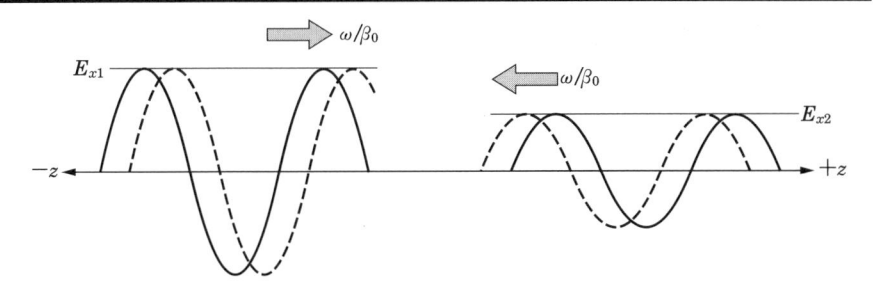

図 **4.3** ヘルムホルツの方程式の一般解

参考 ◇ ヘルムホルツの方程式は波動方程式 ─────────────

このことは式 (4.7) を原式にたち返って考えてみても分かります．単一正弦波であるから $\partial/\partial t \to j\omega$，したがって式中の $\beta_0^2 = \omega^2 \varepsilon_0 \mu_0 = \omega^2/c^2$ は，$\partial^2/\partial t^2 \to -\omega^2$ として導かれたものです．元々の式の形は，$\partial^2 E_x/\partial z^2 - (1/c^2)\partial^2 E_x/\partial t^2 = 0$ であり，2.4 節で示した波動方程式そのものです．

§ 例題 **4.1**§ 電界最大振幅が E_{max} 〔V/m〕で $+z$ 方向を向いている単一正弦波電磁波が $+y$ 方向に進んでいます．この電波の角周波数が ω 〔rad/s〕，位相定数が β_0 〔rad/m〕，初期位相が φ 〔rad〕であるとき，

(1) 電界ベクトル $\boldsymbol{E}$ の式を示しなさい．
(2) 電界ベクトルの瞬時値 e を示す式を示しなさい．
(3) 磁界ベクトルの瞬時値 h を示す式を示しなさい．

† 解答 †

(1) $\boldsymbol{E} = \boldsymbol{a}_z E_{max} e^{j(\omega t - \beta_0 y + \varphi)}$ 〔V/m〕

(2) $\boldsymbol{E}$ の実部をとります．$e(y, t) = \mathrm{Re}[\boldsymbol{a}_z E_{max} e^{j(\omega t - \beta_0 y + \varphi)}]$
$= \boldsymbol{a}_z E_{max} \cos(\omega t - \beta_0 y + \varphi)$ 〔V/m〕

(3) 磁界は $+x$ 方向を向いています（電界の向き $+z$ から右ねじを $+x$ 方向に 90 度回したとき，ねじの進む方向が波の進行方向 $+y$ になります）．振幅は $E_{max}/\sqrt{\mu_0/\varepsilon_0} = 2.65 \times 10^{-3} E_{max}$，位相は電界と同じ．

$$h(y, t) = 2.65 \times 10^{-3} \boldsymbol{a}_x E_{max} \cos(\omega t - \beta_0 y + \varphi) \quad 〔\mathrm{A/m}〕$$

4.4 平面電磁波の性質

前節で得た結果から平面電磁波の性質をまとめてみましょう．

電界と磁界の関係

電界が x 軸方向のとき，磁界は y 軸方向であり，波の進行方向は z 軸方向になっています．この様子を 図 4.4 に示します．すなわち，波の進行方向は $\boldsymbol{E} \times \boldsymbol{H}$ の方向と一致しています．また電界，磁界は波の進行方向の成分を持ちません．こういう波を **TEM 波** (<u>t</u>ransverse <u>e</u>lectro<u>m</u>agnetic wave) といいます．

波長と位相定数（波数）

1.2 節，図 1.2 で，z が 1 波長 λ_0 ずれるごとに $\beta_0 z$ は 2π 変化します．

$$\lambda_0 = \frac{2\pi}{\beta_0} \text{ [m]} \quad \text{または} \quad \beta_0 = \frac{2\pi}{\lambda_0} \text{ [rad/m]} \tag{4.13}$$

β_0 は単位長当たりどれだけ位相が回転するかを表す量であり，**位相定数**と呼ばれます．また 2π [m] の中に何波長入るかを示しているので**波数**ともいいます．

伝搬速度

図 1.2 で，t における z の点が $t + \Delta t$ において $z + \Delta z$ に移動したとすると，$\omega t - \beta_0 z = \omega(t + \Delta t) - \beta_0(z + \Delta z)$ です．これは，1.2 節に述べたように，正弦波が $+z$ の方向に $u = \Delta z/\Delta t = \omega/\beta_0 = 1/\sqrt{\varepsilon_0 \mu_0} \cong 3 \times 10^8$ [m/s] の速度で伝搬することを意味しています．

固有インピーダンス

電界と磁界の比 Z_0 を真空の固有インピーダンスといいます．あるいは**特性インピーダンス**と呼んだり，**電波インピーダンス**と呼んだりすることもあります．

$$Z_0 = \sqrt{\frac{\mu_0}{\varepsilon_0}} \cong 120\pi \cong 377 \text{ [}\Omega\text{]} \tag{4.14}$$

電力の流れ

単位面積当たり電力はポインティングベクトルで表され，その向きは波の進む方向に一致します．真空中では電界と磁界が同位相で直交していますから，大きさは式 (3.16)，(3.17)，(4.14) から次のようになります．

$$|\boldsymbol{S}_{av}| = \frac{1}{2}(E \times H) = \frac{1}{2}\frac{E^2}{Z_0} = \frac{E_{eff}^2}{Z_0} \cong \frac{E_{eff}^2}{377} \text{ [W/m}^2\text{]} \tag{4.15}$$

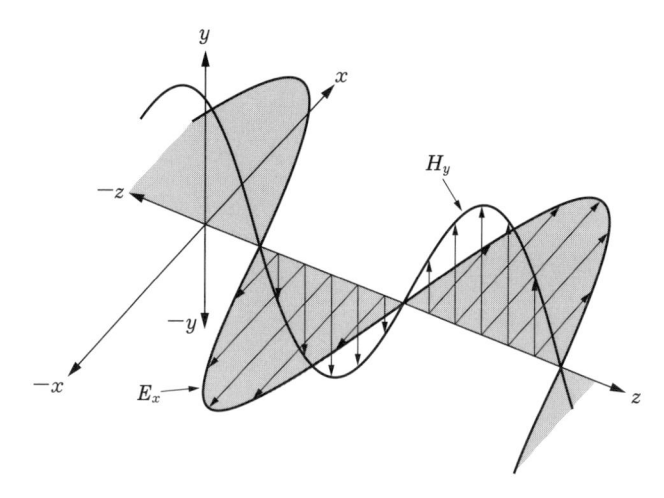

図 4.4 平面電磁波の $t=0$ における電磁界

参考 ◇ 位相速度

一般に $\omega/$位相定数 で定義される速度を**位相速度**といい, u_p と表します. 波の進行方向の位相速度は波の伝搬速度 u に等しくなります. 進行方向でない方向への位相速度については次章で述べます.

§例題 4.2§ 周波数 100〔MHz〕の電磁波の位相定数を求めなさい.

†解答†

式 (4.8) より, $\beta_0 = \omega\sqrt{\varepsilon_0\mu_0} = \omega/c = (2\pi\times 10^8)/(3\times 10^8) = 2\pi/3$〔rad/m〕. または次のようにして求めることもできます. この波の波長は $c = f\lambda_0$ から 3〔m〕です. したがって, 式 (4.13) より, $\beta_0 = 2\pi/\lambda_0 = 2\pi/3$〔rad/m〕

§例題 4.3§ 電磁波の電界の実効値が 1.0〔mV/m〕でした. 単位面積当たり流れる電力を求めなさい.

†解答†

これは (平均) ポインティングベクトルにほかなりません. 式 (4.15) を用いて,
$$S = \frac{(1.0\times 10^{-3})^2}{377} = 2.65\times 10^{-9} \text{ 〔W/m}^2\text{〕}$$

章末問題4

1. 波面とは何ですか？　波面と波の進行方向の関係を述べなさい．

2. 波数とは何ですか？　波数と波長の関係を述べなさい．

3. TEM波とはどういう波ですか？

4. 真空中の平面電磁波の磁界が $h(z,t) = a_x 10^{-5} \cos(10^7 \pi t - \beta_0 z)$ 〔A/m〕です．
   (1) この波の周波数はいくらですか？
   (2) β_0 の値を求めなさい．
   (3) $t = 0$〔s〕のとき，磁界が零となる位置はどこですか？
   (4) $e(z,t)$ の式を示しなさい．

5. 周波数 $f = 150$〔MHz〕の平面電磁波が真空中を $+x$ 方向に進行しています．電界は z 方向を向いており，$t = 0$ のとき，$x = 0.25$〔m〕で最大値 1.0〔mV/m〕になっています．
   (1) この波の波長はいくらですか？
   (2) φ の値を求めなさい．
   (3) E の瞬時値式を示しなさい．
   (4) $t = 10^{-8}$〔s〕のとき，電界が最大となる位置はどこですか？
   (5) H の瞬時値式を示しなさい．

†ヒント†

1. 等位相面のこと．波の進行方向と直交．
2. 位相定数のこと．位相定数には色々な表現方法があることに注意．
3. 電界 E も磁界 H も波の進行方向を横切って (Transverse) いる．
4. (1) $\omega = 2\pi f$　　(2) $\beta_0 = 2\pi/\lambda_0 = \omega/c$　　(3) $\beta_0 z = \pi/2$
   (4) 方向と大きさに注意
5. (1) $\lambda_0 f = c$　　(2) $\omega t - \beta_0 x + \varphi = 0$　　(3) ベクトル表示
   (4) (2)と同じ式を満足する　　(5) 方向と大きさに注意

5 真空中の平面電磁波 -II

前章では，真空中を z 軸方向に伝搬する単一周波数の平面電磁波に対するマクスウェルの方程式を導き，その解を求め，さらにこの解から平面電磁波の持つ性質を調べました．本章では，偏波と任意方向に進む平面電磁波の表現法について次のようなことを説明します．

(1) 直線偏波
(2) 円偏波
(3) 任意の方向に伝搬する平面電磁波

電界の向きが一定な電磁波を直線偏波，このうち垂直方向に向いているものを垂直偏波，水平なものを水平偏波といいます．電界が回転している電磁波を円偏波，右回りか左回りかで右旋，左旋電偏波といいます．これらは伝搬特性に特長があり，それに応じて用途が変わります．例えば，移動無線では垂直偏波を，VHF-TV 放送は水平偏波を用いています．これに対し，衛星放送では円偏波を用い，隣接する区域には右旋と左旋を割り当てて混信を軽減しています．(1) (2) では，これらの偏波が前節の解の合成から得られることを示し，その性質を探ります．

(3) では，前章の平面電磁波に対する制約条件を少しやわらげ，任意の方向に伝搬する平面電磁波について式を誘導します．$x-y$ 平面内での伝搬を主として取り上げ，最後に 3 次元の任意の方向に伝搬する波の表現を示します．その解は自由度が増える分若干複雑になり，さらに波数ベクトルとか，位相速度等の概念を導入します．初めて学ぶ方にとっては取付きにくいように見受けられますが，落ちついて考えれば十分理解できると思いますので．あきらめずにフォローしてください．

5.1　直線偏波

電磁波のように方向性のある波を**偏波**といい，電界方向と波の進行方向が作る面を**偏波面**，偏波面が時間変化しない波を**直線偏波**と呼びます．

参考 ◇　電波と音波

> 電磁波は電界・磁界ベクトルが進行方向と直交しているため**横波**と呼ばれます．電界・磁界がありますから，伝搬特性は必ず方向性を持つことになります．
>
> これに対し，音波は媒質の密度（スカラ）が波の進行方向に沿って変化する粗密波ですから**縦波**と呼ばれ，方向性のない伝搬が可能です．

前章で得た E_x, H_y の電磁波の偏波面は図 4.4 からわかるように $x-z$ 面で常に一定です．$x-z$ 面を水平面（地面または海面）とすると，偏波面は水平面になっています．このような波を**水平偏波**といいます．

前章で得た，もう 1 つの E_y と H_x の組合せについて方程式を解くと，電界が $+y$，磁界が $-x$，進行方向が $+z$ 方向の波と，電界が $+y$，磁界が $+x$，進行方向が $-z$ 方向の波を得ます．前者は，E_x, H_y の組合せの波と電界の方向が 90〔deg〕変わっただけで，電磁界は 4.4 節で述べた性質を持っています．

ある時刻における E_y, H_x 波を図 5.1 に示します．$x-z$ 面を水平面とすると，この波の偏波面は垂直面になっています．このような波を**垂直偏波**といいます．

E_x, H_y の第 1 項を波 A，$E_y, -H_x$ の第 1 項を波 B と呼ぶことにし，両者の合成を行ってみます．まず，初期位相 φ を両者とも 0 とすると，波 A，波 B の電界 $\boldsymbol{E}_A, \boldsymbol{E}_B$ およびそれらの瞬時値は次のように表されます．

$$\boldsymbol{E}_A = \boldsymbol{a}_x E_{x1} e^{j(\omega t - \beta_0 z)}, \qquad e_A(z,t) = E_{x1}\cos(\omega t - \beta_0 z) \quad (5.1)$$

$$\boldsymbol{E}_B = \boldsymbol{a}_y E_{y1} e^{j(\omega t - \beta_0 z)}, \qquad e_B(z,t) = E_{y1}\cos(\omega t - \beta_0 z) \quad (5.2)$$

2 つの波の合成は，ベクトル合成 $\boldsymbol{E}_A + \boldsymbol{E}_B$ で表すことができます．振幅が $\sqrt{E_{x1}^2 + E_{y1}^2}$，偏波面が x 軸に対して $\tan^{-1}(E_{y1}/E_{x1})$ 傾いた直線偏波になります．合成波の磁界は y 軸に対し θ だけ傾き，電界と直交することが分かります．波 A, B およびその合成波の電磁界ベクトルを図 5.2 に示します．

参考 ◇　E_y と H_x の組合せ

前章で得た，もう 1 つの E_y と H_x の組合せでできる波 B について考えてみましょう．再掲すると次のようになります．

$$E_y = \frac{1}{j\omega\varepsilon_0}\frac{dH_x}{dz}, \qquad H_x = \frac{1}{j\omega\mu_0}\frac{dE_y}{dz}$$

前章と同様に，第 2 式を z について微分し，第 1 式に代入すると E_y，第 1 式を z について微分し，第 2 式に代入すると H_x に関する微分方程式となります．これを解くと，次の一般解を得ます．

$$E_y = E_{y1}e^{-j\beta_0 z} + E_{y2}e^{j\beta_0 z} \tag{5.3}$$

$$H_x = \frac{1}{Z_0}(-E_{y1}e^{-j\beta_0 z} + E_{y2}e^{j\beta_0 z}) \tag{5.4}$$

第 1 項が $+z$ 方向に，第 2 項が $-z$ 方向に進む波になります．

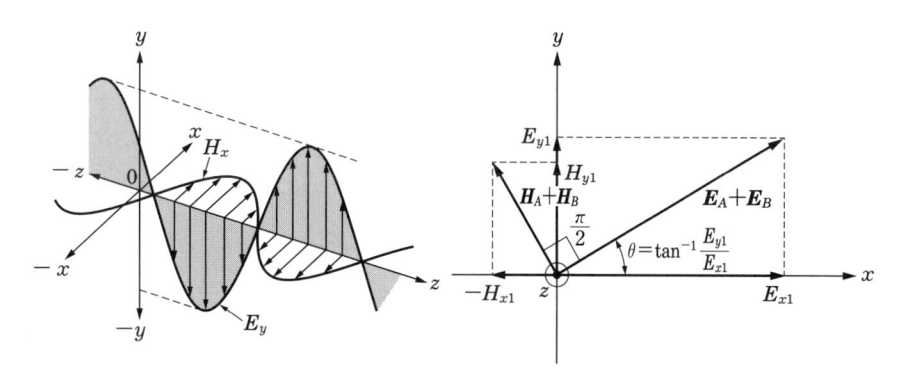

図 5.1　E_y, H_x 波の波形　　　　図 5.2　同相直線偏波の合成

§ 例題 5.1 §　電界が $\boldsymbol{E}_A = \sqrt{3}\boldsymbol{a}_x e^{-j\beta_0 z}$ で表される波 A と，$\boldsymbol{E}_B = \boldsymbol{a}_y e^{-j\beta_0 z}$ で表される波 B を合成するとどういう波になりますか？

† 解答 †

2 つの波は同相ですから，合成波は直線偏波で，振幅が $\sqrt{3+1} = 2$，偏波面が x 軸に対して $\theta = \tan^{-1}(1/\sqrt{3}) = 30$ 〔deg〕傾いた面になります．

5.2 円偏波

　直線偏波に対応して，偏波面が回転する偏波があります．このうち，電界ベクトルの先端が円を描くものを**円偏波**といいます．さらに，波の進む方向と同じ方向を見たとき，電界の先端が右回りするものを**正円偏波**または**右旋円偏波**，左回りするものを**負円偏波**または**左旋円偏波**といいます．図 5.3(a) に正（右旋），(b) に負（左旋）円偏波を示します．

　円偏波は波 A と波 B の振幅を等しく，位相を 90〔deg〕ずらして加えることにより得られます．波 A, B の振幅が E，波 B の位相が波 A の位相より 90〔deg〕，すなわち $\pi/2$〔rad〕だけ遅れているとします．

$$\boldsymbol{E}_A = \boldsymbol{a}_x E_{x1} e^{j(\omega t - \beta_0 z)}, \qquad e_A(z,t) = E_{x1} \cos(\omega t - \beta_0 z) \quad (5.5)$$

$$\boldsymbol{E}_B = \boldsymbol{a}_y E_{y1} e^{j(\omega t - \beta_0 z - \frac{\pi}{2})}, \qquad e_B(z,t) = E_{y1} \sin(\omega t - \beta_0 z) \quad (5.6)$$

合成波は振幅が E で，偏波面が x 軸に対し，

$$\theta = \tan^{-1} \frac{\sin(\omega t - \beta_0 z)}{\cos(\omega t - \beta_0 z)} = \omega t - \beta_0 z \tag{5.7}$$

だけ傾いた電磁波となります．たとえば $z = 0$ とすると，$\theta = \omega t$ となり，偏波面は角速度 ω で回転していることが分かります．この様子を図 5.4 に示します．波の進行方向（z 方向）と同じ方向を向いて（紙面の裏側から）眺めたとき，偏波面は右回りに回転していますから正（右旋）円偏波です．

　逆に波 B の位相が波 A の位相より 90〔deg〕進んでいると，$\theta = -\omega t - \beta_0 z$ となり，回転方向は逆になります．すなわち負（左旋）円偏波になります．

　波 A, B の振幅が等しくなかったり，位相差が 90〔deg〕でないと，合成電界ベクトル先端の軌跡は楕円となります．このような合成波を**楕円偏波**といいます．

　逆に，直線偏波は等振幅の正（右旋）円偏波と負（左旋）円偏波の和で表されます．z 方向に進行する振幅 E の正負円偏波の電界を $\boldsymbol{E}_{rc}$，$\boldsymbol{E}_{lc}$ とすると，

$$\boldsymbol{E}_{rc} = E(\boldsymbol{a}_y + j\boldsymbol{a}_x) e^{-j\beta_0 z}, \qquad \boldsymbol{E}_{lc} = E(\boldsymbol{a}_y - j\boldsymbol{a}_x) e^{-j\beta_0 z}$$

両者の和をとると $\boldsymbol{E}_{rc} + \boldsymbol{E}_{lc} = \boldsymbol{a}_y 2E e^{-j\beta_0 z}$ となり，振幅が $2E$，偏波面が $y-z$ 面の直線偏波になります．この様子を図 5.5 に示します．

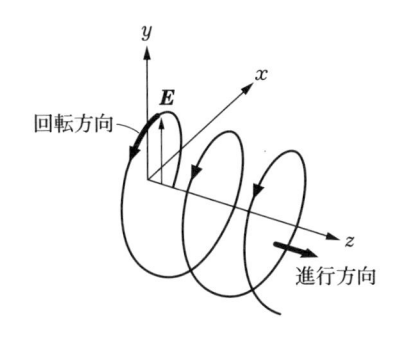

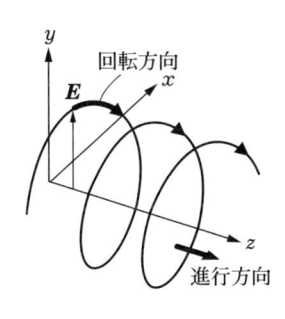

(a) 正（右旋）円偏波　　　　　　(b) 負（左旋）円偏波

図 **5.3**　正負円偏波

図 **5.4**　正円偏波の振幅　　　　　図 **5.5**　正負円偏波の和

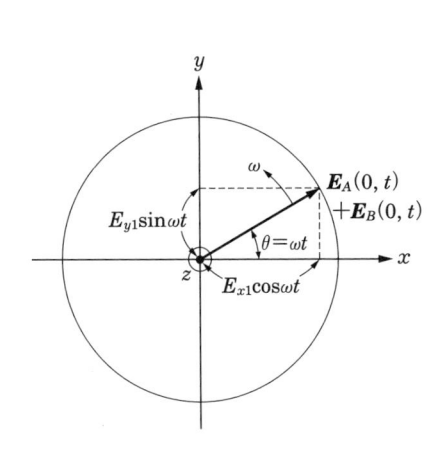

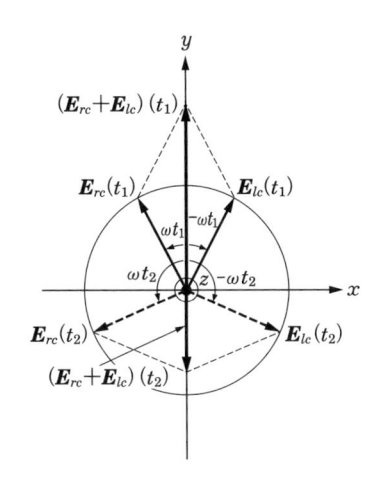

5.3　任意方向への電磁波

電界 E_0 が $+z$ 方向を向いているとし，平面電磁波が $+x$ 方向に進むとすると，電界は式 (5.8) のように表されることは明らかです．

$$E = a_z E_0 e^{-j\beta_0 x} \tag{5.8}$$

すなわち，伝搬方向が $+x$ 方向であれば，式 (4.9) 第 1 項の $e^{-j\beta_0 z}$ を $e^{-j\beta_0 x}$ に，y 方向であれば $e^{-j\beta_0 y}$ にすればよいわけです．磁界についても同様です．

次に，電界 E_0 の方向を $+z$ 方向とし，波は $x-y$ 平面上で $+x$ 軸から $+y$ 方向に角 α 回転した方向に進む場合を考えてみましょう．回転した方向を新しく X 軸とし，それに直交する方向を Y 軸とします．波は $+X$ 軸方向に進むわけですから，電界の式は次のようになります．

$$E = a_z E_0 e^{-j\beta_0 X} \tag{5.9}$$

$X-Y$ 座標は $x-y$ 座標を角 α だけ回転したものですから，次の関係が成り立ちます．この関係を図 5.6 に示します．

$$X = x\cos\alpha + y\sin\alpha, \qquad Y = -x\sin\alpha + y\cos\alpha \tag{5.10}$$

式 (5.10) の X を式 (5.9) に代入して次式を得ます．

$$E = a_z E_0 e^{-j\beta_0 x\cos\alpha - j\beta_0 y\sin\alpha} = a_z E_0 e^{-j\beta_{0x} x - j\beta_{0y} y} \tag{5.11}$$

$$\beta_{0x} = \beta_0 \cos\alpha, \qquad \beta_{0y} = \beta_0 \sin\alpha \tag{5.12}$$

β_{0x}, β_{0y} をそれぞれ x, y 軸方向への位相定数といいます．式 (5.12) から次の関係があることが分かります．

$$\beta_0^2 = \beta_{0x}^2 + \beta_{0y}^2 \tag{5.13}$$

式 (5.11) における $e^{-j\beta_{0x} x}$ の項は，x 方向に $\beta_{0x} x = 2\pi$ の周期を持つ正弦波関数ですから，x 方向の波長 λ_{0x} は $2\pi/\beta_{0x}$ となり，この波の波長 $\lambda_0 = 2\pi/\beta_0$ より長くなります．したがって，x 方向への位相速度 $u_{px} = \omega/\beta_{0x}$ は光速より速くなります．$e^{-j\beta_{0y} y}$ についても同様です．これらの関係を示すと図 5.7 のようになります．

46

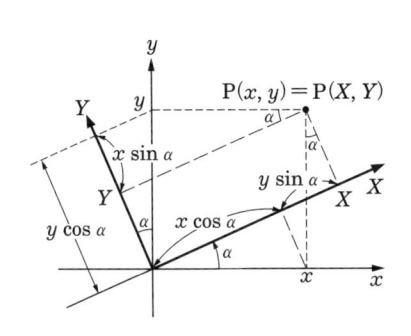

図 5.6 $X-Y$ への座標変換 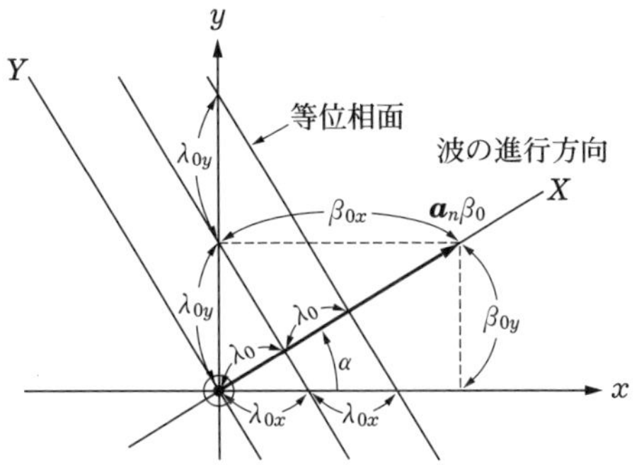   図 5.7 角 α 方向への伝搬

§ 例題 5.2§ z 軸方向の電界 $10 \, [\mathrm{mV/m}]$ を持つ周波数 $300 \, [\mathrm{MHz}]$ の電磁波が, $x-y$ 平面内において x 軸に対し $+30 \, [\mathrm{deg}]$ の方向に伝搬しています.
(1) $\varphi = 0$ として電界の瞬時値式を示しなさい.
(2) x 軸, y 軸方向の波長および位相速度を求めなさい.

† 解答 †
(1) 波長および位相定数は, $\lambda_0 = 1 \, [\mathrm{m}]$, $\beta_0 = 2\pi/\lambda_0 = 2\pi \, [\mathrm{rad/m}]$

x, y 軸方向の位相定数は次のようになります.

$$\beta_{0x} = \beta_0 \cos \pi/6 = 2\pi \cdot \sqrt{3}/2 = \sqrt{3}\pi \, [\mathrm{rad/m}]$$
$$\beta_{0y} = \beta_0 \sin \pi/6 = 2\pi \cdot 1/2 = \pi \, [\mathrm{rad/m}]$$

したがって, 電界の瞬時値は

$$\begin{aligned} e(x,y,t) &= \mathrm{Re}\,[\boldsymbol{a}_z 10^{-2} e^{j(\omega t - \sqrt{3}\pi x - \pi y)}] \\ &= \boldsymbol{a}_z 10^{-2} \cos(6\pi \times 10^8 t - \sqrt{3}\pi x - \pi y) \, [\mathrm{V/m}] \end{aligned}$$

(2) x, y 軸方向の波長は,

$\lambda_{0x} = 2\pi/\beta_{0x} \cong 1.15, \quad \lambda_{0y} = 2\pi/\beta_{0y} \cong 2 \, [\mathrm{m}]$

x, y 軸方向の位相速度は,

$u_{px} = \omega/\beta_{0x} \cong 3.46 \times 10^8, \quad u_{py} = \omega/\beta_{0y} \cong 6 \times 10^8 \, [\mathrm{m/s}]$

位相定数の関係から，β_0 をベクトルとして，次のように表すことができ，これを**波数ベクトル**といいます．

$$\boldsymbol{a}_0 \beta_0 = \boldsymbol{a}_x \beta_{0x} + \boldsymbol{a}_y \beta_{0y} \tag{5.14}$$

$\boldsymbol{a}_0$ は波の進行方向の単位ベクトルです．

角 α 方向に進む波の磁界を求めてみましょう．磁界は電界と波の進行方向に直交しますから，図 5.8 に示すような方向を向いています．振幅は E_0/Z_0 で，位相は電界と同じですから，瞬時値表現は

$$\begin{aligned}\boldsymbol{h}(x,y,t) &= \boldsymbol{e}(x,y,t)/Z_0 = (\sin\alpha\,\boldsymbol{a}_x - \cos\alpha\,\boldsymbol{a}_y) \times \\ & 2.65 \times 10^{-3} E_0 \cos(\omega t - \beta_{0x}x - \beta_{0y}y) \quad [\mathrm{A/m}] \end{aligned} \tag{5.15}$$

3 次元空間で任意の方向に進む電磁波はどうでしょうか？ この場合のヘルムホルツの方程式は次のようになります．

$$\nabla^2 \boldsymbol{E} + \beta_0^2 \boldsymbol{E} = 0 \tag{5.16}$$

電界式は 2 次元の場合を拡張して，式 (5.17) のように表すことができます．この結果は式 (5.16) をまともに解いても得られますが，本書では省略します．

$$\boldsymbol{E}(x,y,z) = \boldsymbol{E}_0 e^{-j\beta_{0x}x - j\beta_{0y}y - j\beta_{0z}z} \tag{5.17}$$

$\beta_{0x}, \beta_{0y}, \beta_{0z}$ はそれぞれの軸方向の位相定数で，波の進行方向の単位ベクトルを $\boldsymbol{a}_0$ とすると，β_0 との間には次の関係があります．

$$\boldsymbol{a}_0 \beta_0 = \boldsymbol{a}_x \beta_{0x} + \boldsymbol{a}_y \beta_{0y} + \boldsymbol{a}_z \beta_{0z} \tag{5.18}$$

$$\beta_0^2 = \beta_{0x}^2 + \beta_{0y}^2 + \beta_{0z}^2 \tag{5.19}$$

式 (5.19) の形は，原点と点 $\mathrm{P}(x,y,z)$ 間の距離 r と x,y,z との関係 $r^2 = x^2 + y^2 + z^2$ と同形です．また距離ベクトル $\boldsymbol{r}$ は $\boldsymbol{r} = \boldsymbol{a}_x x + \boldsymbol{a}_y y + \boldsymbol{a}_z z$ と表すことができます．したがって，式 (5.17) は次のように表すこともできます．

$$\boldsymbol{E}(\boldsymbol{r}) = \boldsymbol{E}_0 e^{-j\beta_0 \boldsymbol{a}_0 \cdot \boldsymbol{r}} \tag{5.20}$$

3 次元空間内の任意方向への伝搬の模様を図 5.9 に示します．

5 真空中の平面電磁波 -II

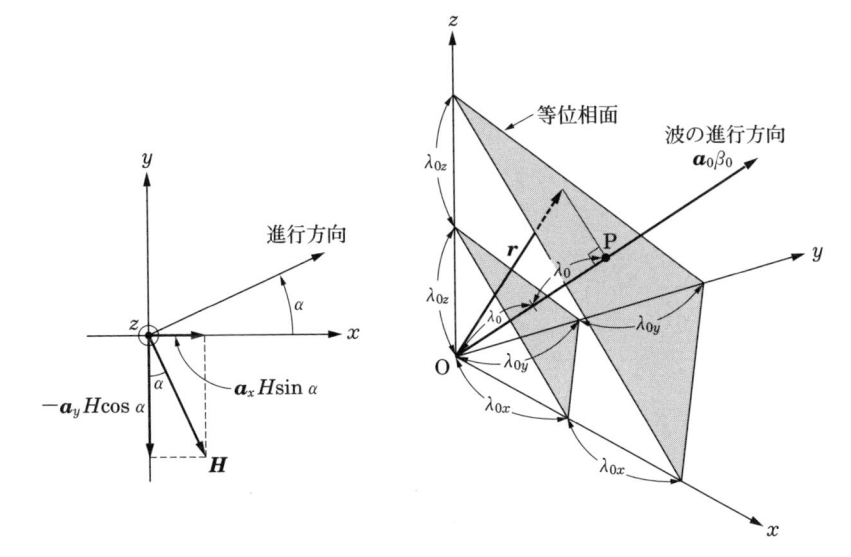

図 5.8　角 α 方向に進む波の磁界　　図 5.9　任意の方向に進む波

参考 ◇ ベクトルヘルムホルツ方程式の誘導

対象領域に電荷，電流がない場合のマクスウェルの方程式を再掲すると，

$$\nabla \times \boldsymbol{E} = -j\omega\mu_0 \boldsymbol{H}, \quad \nabla \times \boldsymbol{H} = j\omega\varepsilon_0 \boldsymbol{E} \tag{5.21}$$

第 1 式の rot をとり，第 2 式を代入すると，

$$\nabla \times \nabla \times \boldsymbol{E} = -j\omega\mu_0(\nabla \times \boldsymbol{H}) = \omega^2 \varepsilon_0 \mu_0 \boldsymbol{E} \tag{5.22}$$

ここでベクトル公式により（付録 A.4 参照），

$$\nabla \times \nabla \times \boldsymbol{E} = \nabla(\nabla \cdot \boldsymbol{E}) - \nabla^2 \boldsymbol{E} \tag{5.23}$$

対象領域に電荷はないとしていますから，

$$\nabla \cdot \boldsymbol{E} = \frac{\rho}{\varepsilon_0} = 0 \tag{5.24}$$

したがって，式 (5.23) は $\nabla \times \nabla \times \boldsymbol{E} = -\nabla^2 \boldsymbol{E}$．
これを式 (5.22) に代入すると $\nabla^2 \boldsymbol{E} + \beta_0^2 \boldsymbol{E} = 0$ を得ます．

章末問題5

1. 平面波の電界が次式で与えられています。
   $$e(z,t) = \boldsymbol{a}_x\sqrt{3}\cos(10^8 t - \beta_0 z) + \boldsymbol{a}_y\cos(10^8 t - \beta_0 z)$$
   (1) 電界の向き，偏波面，波の進行方向を示しなさい．
   (2) 周波数と位相定数を求めなさい．
   (3) この波の磁界の式を示しなさい．

2. 正円偏波が，その進行方向に垂直に置かれた導体面に入射するとき，反射波は負円偏波になります．この理由を説明しなさい．

3. $\boldsymbol{E}(z) = \boldsymbol{a}_x E_1 e^{-j\beta_0 z} - j\boldsymbol{a}_y E_2 e^{-j\beta_0 z}$ は楕円偏波を表します．
   楕円偏波は，右旋および左旋の円偏波に分解できることを示しなさい．

4. 電磁波の電界が $\boldsymbol{e}(x,y,t) = \boldsymbol{a}_z E_0 \cos\{\omega t - (\beta_0/\sqrt{2})x - (\beta_0/\sqrt{2})y\}$ で表されています．$t=0$ において原点を含む偏波面内の波形を描きなさい．

5. 極座標において θ, ϕ 方向に進む電磁波の電界 $\boldsymbol{E}$ を，$E_0, \omega, \beta_0, \theta, \phi, x, y, z$ を用いて表しなさい．

† ヒント †

1. 電界のベクトル図を描いてみてください．磁界の方向は電界と波の進行方向から決まります．

2. 導体面上で電界の接線成分は 0 となりますから，反射波の電界ベクトルは入射波の電界ベクトルを打ち消さなければなりません．したがって，反射波の電界ベクトルは入射波と逆向きですが，同じ回転方向になります．しかし，反射波の進行方向は入射波と反対方向です．

3. $\boldsymbol{E}_{ellip} = \boldsymbol{a}_x E_1 e^{-j\beta_0 z} - j\boldsymbol{a}_y E_2 e^{-j\beta_0 z}$
   $= \frac{E_1-E_2}{2}(\boldsymbol{a}_x - j\boldsymbol{a}_y)e^{-j\beta_0 z} + \frac{E_1+E_2}{2}(\boldsymbol{a}_x + j\boldsymbol{a}_y)e^{-j\beta_0 z}$

4. $t=0, x=y=0$ で $\boldsymbol{e} = \boldsymbol{a}_z E_0$，波の進行方向は x 軸から 45 [deg]．
   ◇ 問1と問4の表現を混同しないように！

5. $\beta_{0x} = \beta_0 \sin\theta\cos\phi, \quad \beta_{0y} = \beta_0 \sin\theta\sin\phi, \quad \beta_{0z} = \beta_0 \cos\theta$

6 等方性媒質中の電磁波

　4章および5章では，真空中を伝搬する単一正弦波の平面電磁波について述べました．この中で電界と磁界は，同相で直交しており，波は $\boldsymbol{E} \times \boldsymbol{H}$ の方向に進行すること，波の速度は $1/\sqrt{\varepsilon_0 \mu_0}$ で表されること，電界と磁界の大きさの比は真空の固有インピーダンス Z_0 であること，ポインティングベクトル等を学びました．本章では，誘電率 ε，透磁率 μ，導電率 σ が方向によって変わらない**等方性媒質**中を伝搬する電磁波がどういう性質を持つかについて述べます．我々は真空中や空気中を伝搬する電波ばかりでなく，いろいろな媒質中の電磁波を取り扱わなければなりません．本章で十分学習されることを望みます．

(1)　絶縁媒質中の平面電磁波
(2)　導電媒質中の平面電磁波
(3)　導電媒質中平面電磁波の性質

　(1)では，絶縁媒質中の平面波は，真空中の平面波における $\varepsilon_0 \to \varepsilon$, $\mu_0 \to \mu$ に変換すれば容易に求められることを示します．(2)の導電媒質中の波の振る舞いは，媒質の導電性を考慮せねばならぬので複雑になってきます．ここではヘルムホルツの方程式およびその解がどうなるかを述べます．(3)では，導電媒質中の伝搬特性を表す定数として，真空中で学んだ位相定数のほかに，減衰定数が出てくること，それらの性質などについて説明します．また，特性インピーダンスが複素数になること，したがって，電界と磁界の間に位相差が生じること，電磁界エネルギー，高周波における特色ともいえる表皮の深さなどに触れます．

6.1 絶縁媒質中の平面電磁波

電磁波が伝搬する媒質が絶縁体（誘電体）で，誘電率が ε，透磁率が μ で等方性であるとします．ただし，絶縁媒質ですから導電率 σ は 0 です．真空中の場合と同様，対象とする領域には電流も電荷も存在しないとすると，

$$\nabla \times \boldsymbol{E} = -j\omega\mu\boldsymbol{H}, \qquad \nabla \times \boldsymbol{H} = j\omega\varepsilon\boldsymbol{E} \tag{6.1}$$

これらの式は 4 章，5 章の ε_0, μ_0 を ε, μ に置き換えたものとみなせますから，真空中で用いた手法や結論をそのまま流用することができます．

ヘルムホルツの方程式

$$\nabla^2 \boldsymbol{E} + \beta^2 \boldsymbol{E} = 0, \qquad \nabla^2 \boldsymbol{H} + \beta^2 \boldsymbol{H} = 0 \tag{6.2}$$

$$\beta = \omega\sqrt{\varepsilon\mu} = \omega\sqrt{\varepsilon_r \varepsilon_0 \mu_r \mu_0} = \beta_0 \sqrt{\varepsilon_r \mu_r} \tag{6.3}$$

◇ 電界・磁界の向き，波の進行方向の関係は真空の場合と同じです．

波長および位相定数

$$\lambda = \frac{2\pi}{\beta} = \frac{\lambda_0}{\sqrt{\varepsilon_r \mu_r}} \quad \text{または} \quad \beta = \frac{2\pi}{\lambda} = \beta_0 \sqrt{\varepsilon_r \mu_r} \tag{6.4}$$

位相定数は真空中の $\sqrt{\varepsilon_r \mu_r}$ 倍，波長は，$1/\sqrt{\varepsilon_r \mu_r}$ になります．

◇ $1/\sqrt{\varepsilon_r \mu_r}$ を**波長短縮率**といいます．

伝搬速度

$$u = u_p = \frac{\omega}{\beta} = \frac{1}{\sqrt{\varepsilon\mu}} = \frac{c}{\sqrt{\varepsilon_r \mu_r}} \tag{6.5}$$

伝搬速度は位相速度に等しく，真空中に比べ $1/\sqrt{\varepsilon_r \mu_r}$ になります．

固有インピーダンス

$$Z = \sqrt{\frac{\mu}{\varepsilon}} = Z_0 \sqrt{\frac{\mu_r}{\varepsilon_r}} \tag{6.6}$$

その他の特性も同様に類推することができます．

6 等方性媒質中の電磁波

§ 例題 6.1§ 周波数 800〔MHz〕の電波が比誘電率 $\varepsilon_r = 2$, 比透磁率 $\mu_r = 1$ の媒質中を伝搬するとき,波長,位相定数,伝搬速度はいくらになりますか?

† 解答 †

(1) 波長は式 (6.4) を用いて,

$$\lambda = \frac{c}{f}\frac{1}{\sqrt{2}} \cong 0.375 \times 0.707 \cong 0.265 \ \text{〔m〕}$$

(2) 位相定数は式 (6.3) より,

$$\beta = \frac{2\pi}{\lambda} \cong \frac{6.28}{0.265} \cong 23.7 \ \text{〔rad/m〕}$$

(3) 伝搬速度は式 (6.5) より,

$$u = \frac{c}{\sqrt{\varepsilon_r}} \cong \frac{3 \times 10^8}{1.41} \cong 2.2 \times 10^8 \ \text{〔m/s〕}$$

◇ 波長は波長短縮率 $1/\sqrt{\varepsilon_r}$ に比例して短くなります.
◇ 逆に位相定数は $\sqrt{\varepsilon_r}$ 倍になります.
◇ 伝搬速度は $1/\sqrt{\varepsilon_r}$ に比例して遅くなります.
◇ 周波数はどうなるのでしょうか?

参考 ◇ 一般媒質中の周波数 ─────────────

> 波長と速度は変化しますが,周波数は変化しません.注意してください.
> これにより,$u = f\lambda$ の関係が保たれています.
> 周波数が変化するのは相対速度がある場合で,ドップラー周波数変位がおきます.

§ 例題 6.2§ 比誘電率 $\varepsilon_r = 2$, 比透磁率 $\mu_r = 1$ の媒質の固有インピーダンスはいくらですか?

† 解答 †

式 (6.6) を用いて,

$$Z \cong 377 \times \sqrt{\frac{1}{2}} \cong 377 \times 0.707 \cong 267 \ \text{〔Ω〕}$$

◇ $Z = \sqrt{1/2} \cong 0.71$ 〔Ω〕という答案をときどき見受けます.
  ε と ε_r, μ と μ_r の違いを再認識してください.

6.2 導電媒質中の平面電磁波

対象とする領域において媒質の導電率が σ, その他の条件は前節と同じであるとします. $\boldsymbol{J} = \sigma\boldsymbol{E}$ の関係を用いると, マクスウェルの方程式は,

$$\nabla \times \boldsymbol{E} = -j\omega\mu\boldsymbol{H} \tag{6.7}$$

$$\nabla \times \boldsymbol{H} = (\sigma + j\omega\varepsilon)\boldsymbol{E} \tag{6.8}$$

5.3 節と同様, 第 1 式の rot をとり, 第 2 式に代入すると,

$$\nabla \times \nabla \times \boldsymbol{E} = -\nabla^2 \boldsymbol{E} = (-j\omega\mu)(\sigma + j\omega\varepsilon)\boldsymbol{E}$$

これより次のヘルムホルツの方程式を得ます.

$$\nabla^2 \boldsymbol{E} - \gamma^2 \boldsymbol{E} = 0 \tag{6.9}$$

$$\gamma = \sqrt{-\omega^2\varepsilon\mu + j\omega\mu\sigma} \tag{6.10}$$

電界が x 方向, 波が z 方向に進行するとすると電磁界は,

$$E_x = E_{x1}e^{-\gamma z} + E_{x2}e^{\gamma z} \tag{6.11}$$

$$H_y = \frac{1}{Z}(E_{x1}e^{-\gamma z} - E_{x2}e^{\gamma z}) \tag{6.12}$$

$$Z = \frac{j\omega\mu}{\gamma} \tag{6.13}$$

電界, 磁界の各項は $e^{-\gamma z}$ または $e^{\gamma z}$ を持っています. 式 (6.10) から明らかなように, γ は複素数ですから次のようにおくことができます.

$$\gamma = \sqrt{-\omega^2\varepsilon\mu + j\omega\mu\sigma} = \alpha + j\beta \tag{6.14}$$

α, β を用いて E_x の第 1 項およびその瞬時値を表すと次のようになります.

$$E_x = |E_{x1}|e^{-\alpha z}e^{j(\omega t - \beta z + \varphi)} \tag{6.15}$$

$$e_{x1}(z,t) = |E_{x1}|e^{-\alpha z}\cos(\omega t - \beta z + \varphi) \tag{6.16}$$

この式は, 絶縁媒質中の電界が $e^{-\alpha z}$ で指数的に減少することを示しています. これは導電性によりオーム損が生じるからです. ある時刻における電界の波形を図 6.1 に示します.

6 等方性媒質中の電磁波

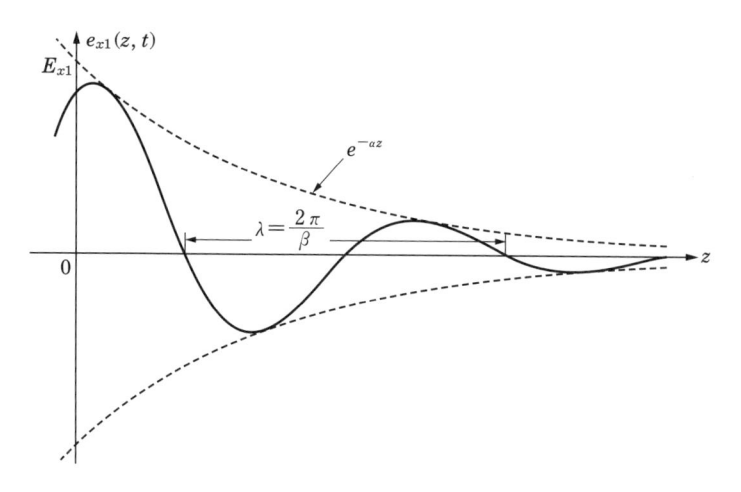

図 6.1 一般媒質中の平面電磁波電界

参考◇ α, β の値

式 (6.14) の両辺を 2 乗して実部と虚部を等しいとおくと，

$$-\omega^2 \varepsilon \mu + j\omega \sigma \mu = \alpha^2 - \beta^2 + j2\alpha\beta$$

$$\alpha^2 - \beta^2 = -\omega^2 \varepsilon \mu$$

$$2\alpha\beta = \omega \sigma \mu$$

下の 2 式から β を消去して整理すると，

$$4\alpha^4 + 4\omega^2 \varepsilon \mu \alpha^2 - \omega^2 \sigma^2 \mu^2 = 0$$

これから α を求め，α, β の関係式に代入すると β を求めることができます．結果は次のように表されます．

$$\alpha = \omega \left\{ \frac{\varepsilon \mu}{2} \left(\sqrt{1 + \frac{\sigma^2}{\omega^2 \varepsilon^2}} - 1 \right) \right\}^{\frac{1}{2}} \tag{6.17}$$

$$\beta = \omega \left\{ \frac{\varepsilon \mu}{2} \left(\sqrt{1 + \frac{\sigma^2}{\omega^2 \varepsilon^2}} + 1 \right) \right\}^{\frac{1}{2}} \tag{6.18}$$

6.3 導電媒質中平面電磁波の性質

以下，導電媒質中の平面波の持つ性質について考察してみましょう．

伝搬定数

式 (6.16) ないしは図 6.1 から分かるとおり，α は減衰の程度を示しているので**減衰定数**と呼びます．α の SI 単位は〔neper/m〕です．β は既出の**位相定数**にほかなりません．$\gamma = \alpha + j\beta$ を**伝搬定数**といいます．

α と β の式を見ると非常によく似た形をしています．導電率 σ の変化によってこれらがどう変化するかを見てみます．$\sigma = 0$ は絶縁媒質であり，このとき，式 (6.17),(6.18) により $\alpha = 0$, $\beta = \omega\sqrt{\varepsilon\mu}$ に帰着します．

σ が大きくなると α, β の値は共に大きくなります．導電媒質により電力が消費されますから，減衰定数が大きくなるのは容易に理解できます．β が大きくなるのは，波長 $2\pi/\beta$ が短くなり，波の位相速度 ω/β が遅くなることを意味しています．ただし，これらの値は周波数に依存します．

σ が非常に大きくなり，式 (6.17),(6.18) において $\sigma/\omega\varepsilon \gg 1$ になると，α, β とも同じ値 $\sqrt{\omega\mu\sigma/2}$ で近似されるようになります．

図 6.2 は，$\sigma/\omega\varepsilon$ に対する $\alpha/\beta(\sigma = 0)$, $\beta/\beta(\sigma = 0)$ の変化を表したものです．

電界と磁界の大きさの比（固有インピーダンスの大きさ）

電界と磁界の大きさの比は固有インピーダンス $Z(\sigma)$ の絶対値で，次式により求めることができます．

$$|Z(\sigma)| = \left|\frac{j\omega\mu}{\gamma}\right| = \frac{\omega\mu}{\sqrt{\alpha^2 + \beta^2}} = \sqrt{\frac{\mu}{\varepsilon}}\frac{1}{\left(1 + \frac{\sigma^2}{\omega^2\varepsilon^2}\right)^{\frac{1}{4}}} \quad (6.19)$$

σ が 0 のとき，この値は $\sqrt{\mu/\varepsilon}$ で絶縁媒質の固有インピーダンス Z になります．導電性が増して $\sigma/\omega\varepsilon \gg 1$ になると $|Z(\sigma)/Z(\sigma = 0)|$ は $\sqrt{\sigma/\omega\varepsilon}$ に反比例して減少することが分かります．電界の磁界に対する比は小さく，言い換えれば固有インピーダンスの大きさは小さくなります．$\sigma/\omega\varepsilon$ を横軸に，$|Z(\sigma)/Z(\sigma = 0)|$ を縦軸にとって，この関係を図 6.3 に示します．

図 6.2 α, β の変化

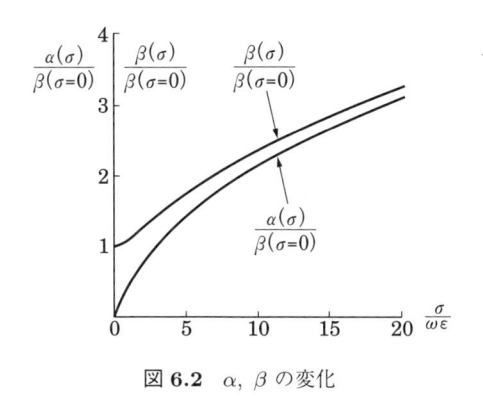

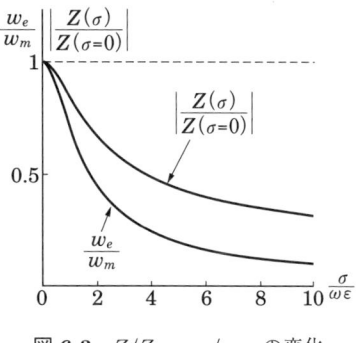

図 6.3 $Z/Z_0, w_e/w_m$ の変化

参考 ◇ 1 [neper] は何 [dB]？

> 振幅 1 の波が $\alpha = 1$ [neper/m] の媒質中を 1 [m] 進むと 1 [neper] の減衰があり，電界は $e^{-1} = 0.368$ になります．したがって，1 [neper] は $20\log e = 8.69$ [dB] に相当します．

参考 ◇ $\sigma/\omega\varepsilon$ の意味

> 式 (6.17), (6.18) や以下の説明において，$\sigma/\omega\varepsilon$ が現れます．導電率が σ，誘電率が ε の媒質に電界 E が加わったとき，媒質中を流れる電流密度は $J = \sigma E$．変位電流密度は $\partial D/\partial t = j\omega\varepsilon E$ となります．したがって，$\sigma/\omega\varepsilon$ は導電電流と変位電流の大きさの比で，導電性の尺度になります．

§ 例題 6.3 § $\varepsilon_r = 80, \mu_r = 1, \sigma = 10^{-3}$ [S/m] の水中を 1 [MHz] の電磁波が進行しています．この場合の減衰定数，位相定数を求めなさい．

† 解答 †

式 (6.17),(6.18) に題意の数値を代入して計算すると次のようになります．

$$\alpha = 0.021 \text{ [neper/m]} \cong 0.18 \text{ [dB/m]}$$
$$\beta = 0.19 \text{ [rad/m]} \cong 11 \text{ [deg/m]}$$

◇ α [neper/m] $\neq \beta$ [rad/m] で，導電性は良くないと判断されます．

電界と磁界の位相差（固有インピーダンスの位相）

電界と磁界の比は，真空ないしは誘電体では同位相でしたが，導電性媒質になると磁界の位相に遅れが生じます．この値は固有インピーダンスの位相角になります．

$$\frac{E_x}{H_y} = Z = \frac{j\omega\mu}{\alpha + j\beta} = \frac{\beta\omega\mu + j\alpha\omega\mu}{\alpha^2 + \beta^2} \tag{6.20}$$

位相差を θ とすると $\theta = \tan^{-1}(\alpha/\beta)$ で，式 (6.21) のようになります．$\sigma = 0$ の場合は $\theta = 0$ ですが，$\sigma/\omega\varepsilon$ が大きくなるにつれて $\pi/4$ に近付きます．

$$\frac{\alpha}{\beta} = \frac{1}{\frac{\sigma}{\omega\varepsilon}}\left(\sqrt{1 + \frac{\sigma^2}{\omega^2\varepsilon^2}} - 1\right) = \sqrt{1 + \frac{1}{\frac{\sigma^2}{\omega^2\varepsilon^2}}} - \frac{1}{\frac{\sigma}{\omega\varepsilon}} \tag{6.21}$$

θ を $\sigma/\omega\varepsilon$ の関数として表すと図 6.4 のようになります．また，位相差がある場合の電磁界を図 6.5 に示します．

エネルギー

導電媒質中の電界エネルギー密度 w_e と磁界のエネルギー密度 w_m の比に着目してみます．

$$\frac{w_e}{w_m} = \frac{\frac{1}{4}\varepsilon|E_x e^{-\alpha z}|^2}{\frac{1}{4}\mu|H_y e^{-\alpha z}|^2} = \frac{1}{\sqrt{1 + \frac{\sigma^2}{\omega^2\varepsilon^2}}} \tag{6.22}$$

導電性が大きいときは w_e, w_m ともに減少しますが，特に w_e の減少の度合いの方がより大きいことが分かります．この様子を図 6.3 に併記します．

表皮の深さ

導電媒質中の電磁波は $e^{-\alpha z}$ で減少します．この値が $e^{-1} = 0.368$ になる z の値を δ と表し，**表皮の深さ**と呼びます．したがって，$\delta = 1/\alpha$ ですが，導電率が大きくなると伝搬定数の項で述べたように次のようになります．

$$\delta = \frac{1}{\alpha} = \frac{1}{\beta} = \sqrt{\frac{2}{\omega\mu\sigma}} \tag{6.23}$$

表皮の深さは，図 6.6(a) のように，導体中に電波がどこまで入り込むとみなせるか，あるいは (b) のように導線のどの部分に高周波電流が流れるとみなせるかを示す目安となります．

6 等方性媒質中の電磁波

図 6.4　電界と磁界の位相差

図 6.5　導電媒質中の電磁界

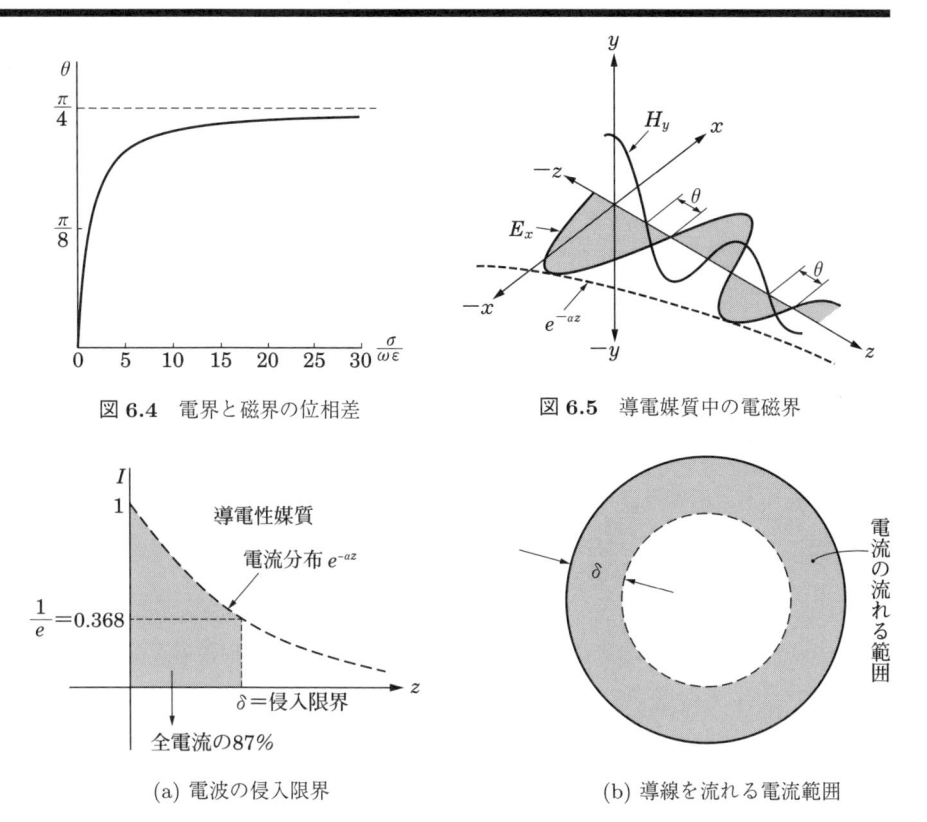

(a) 電波の侵入限界

(b) 導線を流れる電流範囲

図 6.6　表皮の深さの応用例

§ 例題 6.4 §　$\sigma = 5.80 \times 10^7$ 〔S/m〕の導体（銅）の，$f = 60$ 〔Hz〕，10 〔kHz〕，1 〔MHz〕，1 〔GHz〕における表皮の深さを求めなさい．

† 解答 †

$$\delta(60\text{Hz}) = \sqrt{\frac{2}{2\pi \times 60 \times 4\pi \times 10^{-7} \times 5.80 \times 10^7}} = 8.53 \text{ 〔mm〕}$$

$\delta(10\text{kHz}) = 0.66$ 〔mm〕

$\delta(1\text{MHz}) = 0.066$ 〔mm〕

$\delta(1\text{GHz}) = 0.0021$ 〔mm〕 $= 2.1$ 〔μm〕

◇　表皮の深さの程度に注意してください．

章末問題 6

1. 周波数 $f = 150$ 〔MHz〕の平面電磁波が比誘電率 $\varepsilon_r = 4$, 比透磁率 $\mu_r = 1$ の媒質中を $+x$ 方向に進行しています．電界は z 方向を向いており，$t = 0$ 〔s〕のとき，$x = 0.25$ 〔m〕で最大値 1 〔mV/m〕になっています．
   (1) この波の波長はいくらですか．
   (2) φ の値を求めなさい．
   (3) $e(x,t)$ の式を示しなさい．
   (4) $t = 10^{-8}$ 〔s〕のとき，電界が最大となる位置はどこですか．
   (5) $h(x,t)$ の式を示しなさい．

2. 例題 6.3 の媒質（淡水）の固有インピーダンス，表皮の深さを求めなさい．また，この中を 1 〔MHz〕の電波が進行するときの電界と磁界の位相差はいくらになりますか？

3. $\varepsilon_r = 80$, $\mu_r = 1$, $\sigma = 4$ 〔S/m〕の海水中を 1 〔MHz〕の電磁波が進行しています．伝搬定数，固有インピーダンス，電磁界の位相差，表皮の深さを求めて淡水の場合と比較しなさい．

4. 例題 6.4 についても，伝搬定数，固有インピーダンス，電磁界の位相差を求めなさい．

† ヒント †

1. 4 章 問題 5 と違うのは ε_r だけです．
2. 例題で α, β が求められていますから，$\theta = \tan^{-1}(\alpha/\beta)$, $\delta = 1/\alpha$ が使えます．ただし α は〔neper/m〕, β は〔rad/m〕の値を用います．
3. $\sigma/\omega\varepsilon \gg 1$ なら良導体で，$\alpha = \beta$．このときの θ は簡単．
4. 良導体であることは明らか．

7 電磁波の反射と透過

　これまでは1種類の媒質中を伝搬する電磁波について考えてきましたが，実際には異媒質の境界面に平面波が入射することも多く，この場合は反射や透過が起きます．これが妨害になることもあれば，これを積極的に利用することもあります．本章では，境界面に波が垂直に入射する場合，斜めに入射する場合に反射や透過がどのように生じるかを取り扱うことにします．

 (1) 垂直入射の反射・透過
 (2) 完全導体への垂直入射
 (3) 斜め入射
 (4) 斜め入射の反射・透過係数

　入射波に対し，電磁界がどの程度の割合で反射したり透過したりするかは，境界条件を適用して求めることができます．まず，境界面に対し電磁波が垂直に入射する場合を考えます．また，特別の場合として，空中から完全導体へ入射する場合における現象を説明します．次いで，斜めに入射する場合を考えます．この場合は入射面と電界の向きとの関係で直交偏波と平行偏波が存在することを述べます．さらに，これらの場合における反射係数と透過係数を導き，これら係数の違いや特長について考察します．

7.1 垂直入射の反射・透過

異種の媒質が接するところへ電磁波が入射すると，電磁波の一部は反射され，残りは透過していきます．ここでは，接触面が平面でこれに電磁波が垂直入射する場合，これらの係数がどのように表されるかを考えてみます．

図 7.1 において，$z < 0$ は媒質 I（誘電率 ε_1，透磁率 μ_1，導電率 σ_1，伝搬定数 γ_1），$z > 0$ は媒質 II（誘電率 ε_2，透磁率 μ_2，導電率 σ_2，伝搬定数 γ_2）で，両者は平面 $z = 0$ で接しています．ここへ x 方向に電界成分 E_0 を持ち，$+z$ 方向に進行する平面電磁波が入射したとすると，入射波の電磁界は，

$$E_i(z) = a_x E_0 e^{-\gamma_1 z}, \qquad H_i(z) = a_y \frac{E_0}{Z_1} e^{-\gamma_1 z} \qquad (7.1)$$

$z = 0$ で一部は反射し，$-z$ 方向に進むことになります．反射波の振幅と入射波の振幅の比を**反射係数**と呼び，これを Γ で表すと，反射波の電磁界は，

$$E_r(z) = a_x \Gamma E_0 e^{\gamma_1 z}, \qquad H_r(z) = -a_y \frac{\Gamma E_0}{Z_1} e^{\gamma_1 z} \qquad (7.2)$$

透過波の振幅と入射波の振幅の比を**透過係数**といい，T で表すと，透過波の電磁界は次のように表すことができます．

$$E_p(z) = a_x T E_0 e^{-\gamma_2 z}, \qquad H_p(z) = a_y \frac{T E_0}{Z_2} e^{-\gamma_2 z} \qquad (7.3)$$

γ_1, γ_2 はそれぞれの伝搬定数，Z_1, Z_2 は固有インピーダンスです．

2 つの未知数 Γ, T を求めるには，電界と磁界の境界条件を用います．$z = 0$ における接線成分が等しいとおくと，

$$E_i(0) + E_r(0) = E_p(0) \quad \rightarrow \quad 1 + \Gamma = T \qquad (7.4)$$

$$H_i(0) + H_r(0) = H_p(0) \quad \rightarrow \quad \frac{1-\Gamma}{Z_1} = \frac{T}{Z_2} \qquad (7.5)$$

式 (7.4), (7.5) を解くと次式を得ます．

$$\Gamma = \frac{Z_2 - Z_1}{Z_2 + Z_1} \qquad (7.6)$$

$$T = \frac{2 Z_2}{Z_2 + Z_1} \qquad (7.7)$$

両媒質の固有インピーダンスから反射・透過係数が決まることが分かります．

7 電磁波の反射と透過

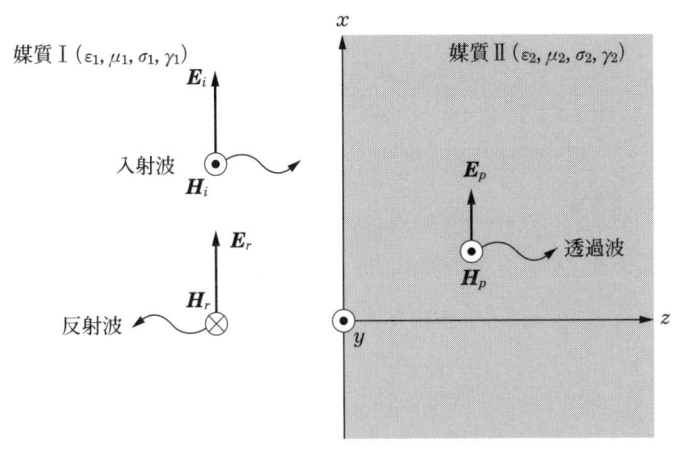

図 7.1 平面境界への垂直入射

参考 ◇ 入射波と反射波 ─────────────────

4.3 節で，ヘルムホルツの方程式の一般解は $+z$ 方向へ進む波と $-z$ 方向へ進む波の合成であることを述べました．ここで述べる入射波と反射波はまさにこの一般解に相当します．

参考 ◇ 入射波・反射波に電磁界の向き ─────────────────

図 7.1 では反射波の電界を入射波の電界と同じ向きに表示しましたが，反転することもあります．この場合は反射係数 Γ が負の値をとります．

反射波の電界方向が入射波のそれと同じとすると，進行方向が逆ですから，反射波の磁界の向きは入射波のそれと逆になります．反射波の電界が反転するときは，反射波の磁界の向きは入射波の磁界の向きと同じになります．

§ 例題 7.1 § 空中から，$\varepsilon_r = 4$，$\mu_r = 1$ の誘電体へ，1〔MHz〕の電磁波が垂直入射するときの反射・透過係数を求めなさい．

† 解答 †

$$\Gamma = (Z_2 - Z_1)/(Z_2 + Z_1) = (377/2 - 377)/(377/2 + 377) \cong -0.33$$
$$T = 1 + \Gamma \cong 0.67$$

7.2 完全導体への垂直入射

本節では，完全導体への垂直入射を考えます．媒質 I は空気とします．完全導体の場合，式 (7.6), (7.7) において $Z_2 = 0$ ですから，$\varGamma = -1$, $T = 0$ となります．したがって，波は完全反射し，透過成分はありません．媒質 I 中の電磁界は次のようになります．

$$
\begin{aligned}
\boldsymbol{E}_I(z) &= \boldsymbol{E}_i(z) + \boldsymbol{E}_r(z) = \boldsymbol{a}_x E_0 (e^{-j\beta_0 z} - e^{j\beta_0 z}) \\
&= -\boldsymbol{a}_x j 2 E_0 \sin \beta_0 z \quad (7.8) \\
\boldsymbol{H}_I(z) &= \boldsymbol{H}_i(z) + \boldsymbol{H}_r(z) = \boldsymbol{a}_y \frac{E_0}{Z_0} (e^{-j\beta_0 z} + e^{j\beta_0 z}) \\
&= \boldsymbol{a}_y 2 \frac{E_0}{Z_0} \cos \beta_0 z \quad (7.9)
\end{aligned}
$$

瞬時値で表すと，

$$
\begin{aligned}
\boldsymbol{e}_I(z,t) &= Re[\boldsymbol{E}_I(z) e^{j\omega t}] = \boldsymbol{a}_x 2 E_0 \sin \beta_0 z \sin \omega t \quad (7.10) \\
\boldsymbol{h}_I(z,t) &= Re[\boldsymbol{H}_I(z) e^{j\omega t}] = \boldsymbol{a}_y 2 \frac{E_0}{Z_0} \cos \beta_0 z \cos \omega t \quad (7.11)
\end{aligned}
$$

式 (7.10), (7.11) は，2.4 節で述べたとおり定在波であることを示しています．ωt をパラメータとした電磁界の波形を図 7.2 に示します．

式および図から次のようなことがいえます．

(1) e_I, h_I の零と最大振幅は次の決まった点で生じる．
   e_I の零と h_I の最大振幅は，$\beta_0 z = -n\pi$，すなわち $z = -n\lambda/2$．
   e_I の最大振幅と h_I の零は，$z = -(2n+1)\lambda/4$．
(2) 電界振幅も磁界振幅も最大値は入射波の 2 倍になっている．
(3) 完全導体表面では電界の接線成分は 0．
(4) 完全導体表面では磁界の接線成分の振幅は最大．
(5) 電界と磁界は時間的に 90 [deg]，空間的に $\lambda/4$ 位相がずれている．
(6) 完全反射なので電力の移動は起きない．

◇　以上述べたことは，完全導体が良導体でも近似的に成り立ちます．

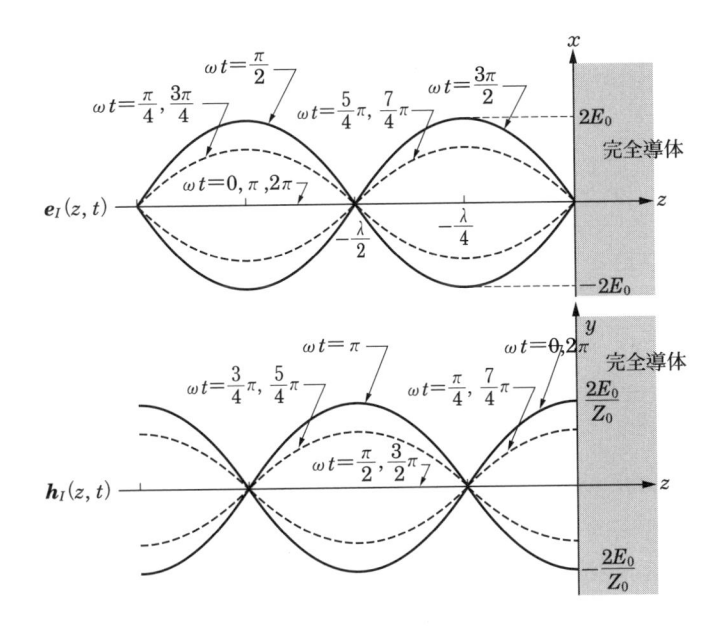

図 7.2 完全導体に垂直入射した平面波の電磁界

§ 例題 7.2 §　完全導体に，電界のピーク値 1.0〔mV/m〕の電磁波が垂直入射するとき，導体にはどういう現象が起きますか？

† 解答 †

空気が完全導体表面に接する面においては，電界の成分は 0 ですが，磁界成分が存在します．したがって，3.3 節に述べたように，導体表面には表面電流が流れることになります．

導体に接する面において，磁界のピーク値は入射波の磁界の 2 倍になりますから，その値は $2 \times 1.0 \times 10^{-3}/377 = 5.3 \times 10^{-6}$〔A/m〕です．

表面電流は $J_s = n \times H_I(0)$ で与えられますから，そのピーク値は $J_s = 5.3 \times 10^{-6}$〔A/m〕，方向は $H_I(0)$ に直交します．

導体内部には電界も磁界も存在しません．

7.3　斜め入射

誘電体 I (ε_1, μ_1) と誘電体 II (ε_2, μ_2) が $z=0$ で接しているとして，これに x-z 面内を進行する平面電磁波が**斜め入射**した場合を考えます．電磁波の電界方向，進行方向，境界面の関係について，図 7.3 (a),(b) に示す 2 種類があります．

いずれの場合も，面の垂線が入射波の進行方向となす角 θ_i を**入射角**，反射波・透過波となす角 θ_r, θ_p を**反射角**，**透過角**といいます．

波の進行方向と境界面の法線が作る面を**入射面**と呼びますが，(a) は電界が入射面に垂直な場合，(b) は電界が入射面に含まれている場合を示しています．前者を**直交偏波** (perpendicular polarization)，後者を**平行偏波** (parallel polarization) と呼びます．

垂直・水平偏波は地表に対して垂直または水平な偏波を意味するのに対して，直交・平行偏波は任意の境界面に対するものです．これをもう少し補足した図を図 7.4 に示します．(a) は海面へ水平偏波が斜め入射する場合で，電界が入射面に垂直ですから，直交偏波になります．(b) は垂直に立ったトンネルの側面に地表に平行に同じく水平偏波が入射する場合で，電界が入射面内にありますから平行偏波になります．

なお，直交と平行の中間の場合も当然ありますが，これは両者の合成として考えることができます．

直交偏波の反射・透過係数は，平行偏波の値と異なってきます．ここでは計算の経過は省略して手順のみを示します．例えば直交偏波の係数 Γ_1, T_1 を求めるときは，図 7.3 (a) を用い，7.1 節と同じ手順によります．

(1) 入射角 θ_i における入射，反射，透過波の波数ベクトルを求めます．
(2) 波数ベクトルを用いて，各波の電磁界を表示します（ 5.3 節参照 ）．
(3) $z=0$ において，媒質 I, II の電界，磁界の接線成分を等しいとおきます．
(4) 両式を解いて Γ_1, T_1 を求めます．

平行偏波の反射・透過係数 Γ_2, T_2 も，図 7.3 (b) から同様に求められます．

(a) 直交偏波 (b) 平行偏波

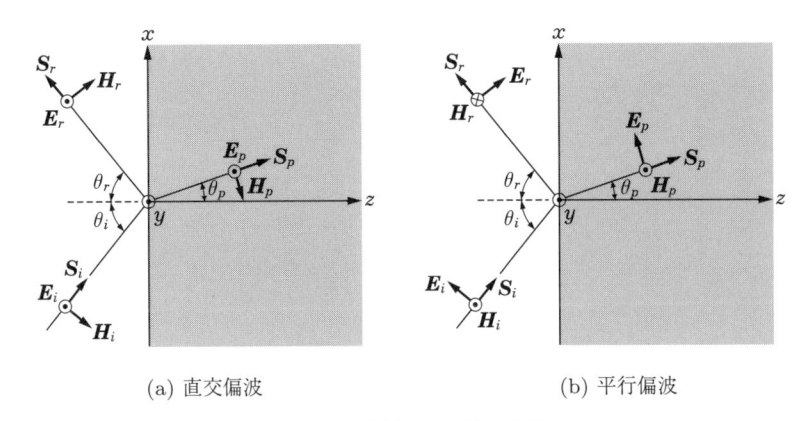

図 **7.3**　境界面への斜め入射

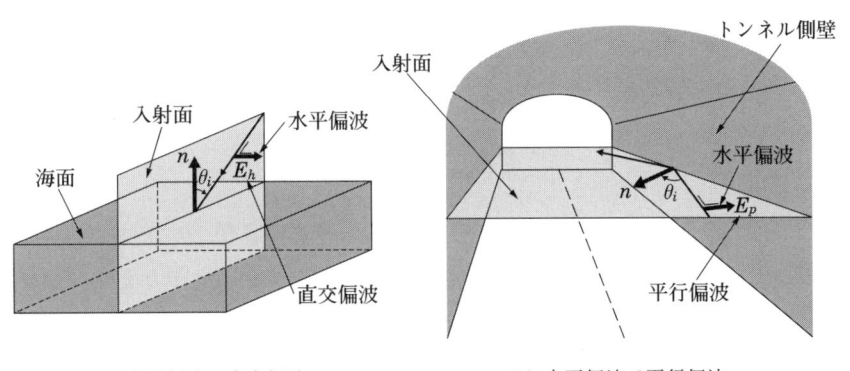

(a) 水平偏波で直交偏波 (b) 水平偏波で平行偏波

図 **7.4**　直交・平行偏波と垂直・水平偏波

参考 ◇　**スネルの法則**

Γ, T を算出する過程で次のスネルの法則が導かれます．

$$\theta_i = \theta_r \quad \text{反射の法則} \tag{7.12}$$

$$\frac{\sin\theta_i}{\sin\theta_p} = \frac{\beta_2}{\beta_1} = \sqrt{\frac{\varepsilon_2\mu_2}{\varepsilon_1\mu_1}} = \frac{n_2}{n_1} = n \quad \text{屈折の法則} \tag{7.13}$$

n_1, n_2 はそれぞれの媒質の**屈折率**で，真空中の光速と当該媒質中のそれとの比であり，n は**相対屈折率**と呼ばれます．

7.4 直交・平行偏波の反射・透過係数

前節の経過により求められた反射・透過係数は次のようになります．

直交偏波

$$\Gamma_1 = \frac{\cos\theta_i - \sqrt{n^2 - \sin^2\theta_i}}{\cos\theta_i + \sqrt{n^2 - \sin^2\theta_i}} \quad (7.14)$$

$$T_1 = \frac{2\cos\theta_i}{\cos\theta_i + \sqrt{n^2 - \sin^2\theta_i}} \quad (7.15)$$

$n > 1$ の場合，Γ_1 の値は負で，θ_i が大きくなるほど小さく（絶対値は大きく）なり，$\theta_i = 90$〔deg〕においては，$\Gamma_1 = -1$ となります．したがって，Γ_1 は 0 になることはありません．

平行偏波

$$\Gamma_2 = -\frac{n^2\cos\theta_i - \sqrt{n^2 - \sin^2\theta_i}}{n^2\cos\theta_i + \sqrt{n^2 - \sin^2\theta_i}} \quad (7.16)$$

$$T_2 = \frac{2n\cos\theta_i}{n^2\cos\theta_i + \sqrt{n^2 - \sin^2\theta_i}} \quad (7.17)$$

$\theta_i = 0$〔deg〕においては，$\Gamma_2 = \Gamma_1$ です．$n > 1$ の場合，θ_i が大きくなるにつれて Γ_2 の値は大きくなり，$\theta_i = 90$〔deg〕において $+1$ となります．

したがって，Γ_2 はある入射角で 0 になります．この角度 θ_B は次式で与えられます．

$$\theta_B = \tan^{-1} n \quad (7.18)$$

この角度を**ブルースタ角** (Brewster angle) といいます．ブルースタ角で入射した平行偏波は反射成分がなく，すべて透過します．

例題 7.3 に見られるとおり，$n > 1$ の場合，$|\Gamma_1|$ と $|\Gamma_2|$ を θ_i に対してプロットしてみると，$\theta_i = 0$〔deg〕，90〔deg〕を除いて $|\Gamma_1|$ の方が大きくなります．逆に，透過係数は，$\theta_i = 0$〔deg〕，90〔deg〕を除いて T_2 の方が大きくなります．

ここでは媒質 I, II とも誘電体としましたが，導電性を持ってくると特性がやや変わってきます．詳細は専門書を参照してください．

7 電磁波の反射と透過

§例題 7.3§ 大気中より $\varepsilon_r = 9$, $\mu_r = 1$. $\sigma = 0$ の媒質へ，平面電磁波が斜め入射しています．入射角 θ_i に対する $|\Gamma_1|$, $|\Gamma_2|$, T_1, T_2 の値をグラフに表しなさい．

†解答†

Γ_1, $|\Gamma_1|$, Γ_2, $|\Gamma_2|$, T_1, T_2 の計算結果を表 7.1 に示します．図 7.5 (a) に $|\Gamma_1|$, $|\Gamma_2|$, (b) に T_1, T_2 をプロットした結果を示します．

表 **7.1** 反射係数・透過係数対入射角

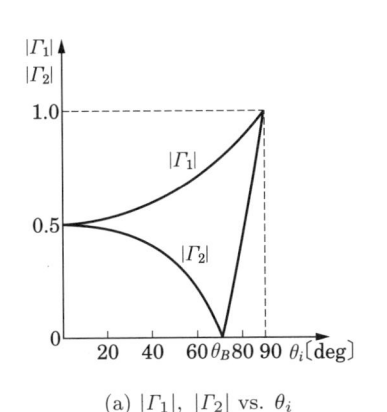

θ_i [deg]	Γ_1	$|\Gamma_1|$	Γ_2	$|\Gamma_2|$	T_1	T_2
0	-0.500	0.500	-0.500	0.500	0.500	0.500
20	-0.521	0.521	-0.479	0.479	0.479	0.493
40	-0.586	0.586	-0.404	0.404	0.415	0.468
60	-0.704	0.704	-0.221	0.221	0.297	0.407
$\theta_B = 71.56$	-0.800	0.800	0	0	0.200	0.333
80	-0.885	0.885	0.289	0.289	0.115	0.237
90	-1.000	1.000	1.000	1.000	0	0

(a) $|\Gamma_1|$, $|\Gamma_2|$ vs. θ_i

(b) T_1, T_2 vs. θ_i

図 **7.5** 反射係数・透過係数対入射角

章末問題 7

1. 例題 7.2 において，電波の周波数が 100〔MHz〕のとき，次の問に答えなさい．
   (1) 入射波，反射波，合成波の電磁界を表す瞬時値式を示しなさい．
   (2) 電界，磁界が 0 になる点のうち，導体に一番近い点を示しなさい．

2. 媒質 I ($\varepsilon_{r1} = 1, \mu_{r1} = 1, \sigma_1 = 0$) と媒質 II ($\varepsilon_{r2} = 4, \mu_{r2} = 1, \sigma_2 = 0$) が $z = 0$ 面で接しています．媒質 I 内を $\boldsymbol{E} = \boldsymbol{a}_x E_x$, $\boldsymbol{H} = \boldsymbol{a}_y H_y$ の矩形電磁波が，z 軸方向に進行し，$t = 0$〔s〕のとき波の前面が $z = 0$ に達しました．$t = 1$〔s〕における電磁界波形を示し，そうなる理由を簡潔に述べなさい．

3. 大気中より $\varepsilon_r = 4, \mu_r = 1, \sigma = 0$ の媒質へ平面電磁波が斜め入射しています．入射角 θ_i に対する $|\varGamma_1|, |\varGamma_2|, T_1, T_2$ の値をグラフに表しなさい．

4. 前問において，媒質 II の比誘電率が $\varepsilon_r = 81$ だったらどうなりますか？概略図を描いてください．

† ヒント †

1. (1) $\beta_0 = 2\pi/3$〔rad/m〕, $\omega = 6.28 \times 10^8$〔rad/s〕.
   (2) 図 7.2 参照.

2. $\varGamma = -1/3, T = 2/3$. 電界の反射波は負になるが，磁界の反射波は正．
   境界面の電磁界は連続になります（等しい）．
   媒質 II 内では速度が $1/\sqrt{4} = 1/2$ になることに注意.

3. 例題 7.3 のように表を作ってプロットしてみてください．

4. $\theta_i = 0$〔deg〕において $|\varGamma_1| = |\varGamma_2| = 0.8, T_1 = T_2 = 0.2$.
   $\theta_i = 90$〔deg〕において $|\varGamma_1| = |\varGamma_2| = 1, T_1 = T_2 = 0$.
   $|\varGamma_1|$ は単調に変化しますが，$|\varGamma_2|$ は θ_B で 0 になります．
   概略図形ですから，中間値の細かい計算は不要です．
   　　◇ 媒質 II の比誘電率が変わると図形はどう変わるか確かめてください．

8 伝送線理論

　ここまで真空中や色々な媒質中の電磁波伝搬について学んできました．ここで一時話題を変え，伝送線に沿った電磁波伝搬について述べてみたいと思います．前者では，伝送したいエネルギーや情報は，目的に合ったアンテナを用いて任意の方向に伝搬させ得ます．後者の場合は，電磁波はガイドされていますから，伝送はその方向に限られますが，能率は非常に良くなります．

　伝送線には色々な種類があります．次章に述べるような，直流的に帰路を持った線路を TEM 線路，導波管や光ファイバのように帰路を持たない線路を非 TEM 線路といいます．本章および次章では TEM 線路を取り上げます．

　本章では伝送線理論として，次の項目について述べます．

(1)　伝送線方程式
(2)　伝送線方程式の解
(3)　進行波と定在波
(4)　線路から見たインピーダンス

　(1) では，平行 2 線を例にとって伝送線方程式を誘導します．伝送線方程式は，媒質中の電磁波伝搬におけるマクスウェルの方程式に対応するもので，伝送線理論の基本式です．(2) においてこの式の一般解を求め，伝搬定数，特性インピーダンスなどのパラメータを説明します．(3) では，線路の反射率を定義し，これを線路の特性インピーダンスと負荷インピーダンスを用いて表します．定在波の度合いを示す尺度として定在波比を定義します．(4) においては，特性インピーダンス Z_c の線路を負荷インピーダンス Z_l で終端したとき，他端から見たインピーダンスはどうなるかについて述べます．

8.1 伝送線方程式

　伝送線には後述するようにいろいろな線路がありますが，とりあえず平行 2 線を例にとって述べます．またこれを考える場合，電磁界の伝搬として考える方法と電圧・電流の伝搬として考える方法がありますが，ここでは回路理論でおなじみの電圧・電流で取り扱うことにします．

　対象とする電磁波の波長が線路長より十分長ければ，線路上での波の位相は変わりませんから，位相の影響を特に考慮する必要はありません．しかし周波数が高くなり，波長が線路長と同程度になると，線路内の減衰や位相回転が無視できなくなり，図 8.1 に示すような**分布定数回路**で考える必要がでてきます．

　図 8.2 に平行 2 線の一部を示します．線は z 方向に張られており，左方に信号源が，右方に負荷があるとします．線路長 Δz を通過する間に，線路間電圧は線路インピーダンスによる電圧降下により $V(z,t)$ から $V(z+\Delta z,t)$ に変化し，電流は線路間を流れる電流 ΔI のため $I(z,t)$ から $I(z+\Delta z,t)$ に変化します．帰路電流は $I(z+\Delta z,t) + \Delta I$ で再び $I(z,t)$ になります．

　線路の上下両導体を合わせた単位長当たりインピーダンス Z_s を $Z_s = R + j\omega L$，上下 2 線間の単位長当たりアドミタンス Y_p を $Y_p = G + j\omega C$ とします．

　図 8.2 の Δz 部分の等価回路を描くと，図 8.3 のようになります．図のノード N にキルヒホッフの第 1 法則を適用すると，

$$I(z) - Y_p \Delta z V(z+\Delta z) - I(z+\Delta z) = 0 \tag{8.1}$$

また，この回路にキルヒホッフの第 2 法則を適用すると，

$$V(z) - Z_s \Delta z I(z) - V(z+\Delta z) = 0 \tag{8.2}$$

式 (8.1), (8.2) を組み替え，$\Delta z \to 0$ とすると

$$-\frac{dV(z)}{dz} = Z_s I(z) \quad \text{または} \quad -\frac{dV(z)}{dz} = (R+j\omega L)I(z) \tag{8.3}$$

$$-\frac{dI(z)}{dz} = Y_p V(z) \quad \text{または} \quad -\frac{dI(z)}{dz} = (G+j\omega C)V(z) \tag{8.4}$$

式 (8.3), (8.4) を**伝送線方程式**といい，伝送線伝搬の基本式になります．

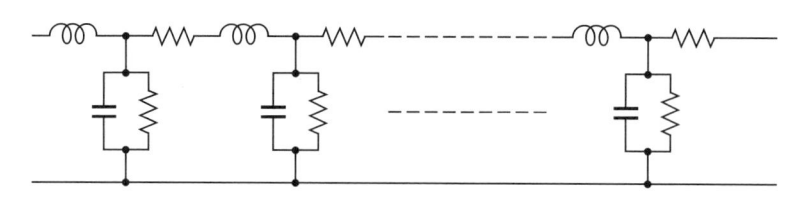

図 8.1 線路の分布定数等価表示

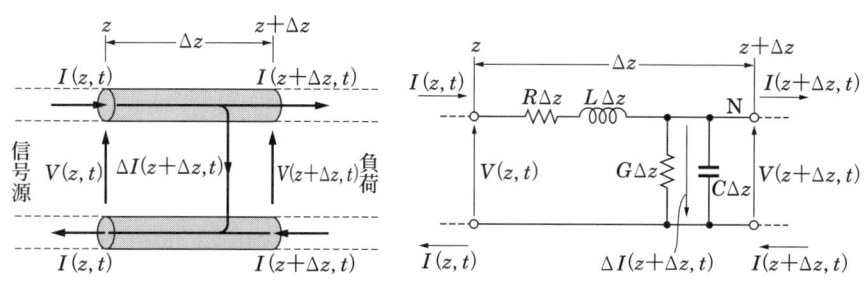

図 8.2 Δz 部分の電圧・電流

図 8.3 Δz 部分の等価回路

参考 ◇ **TEM 線路**

　平行2線，同軸ケーブル，ストリップ線路等のように，直流帰路を持った線路は，次章に示すように，電界・磁界がともに線路に直交した面内にできます．このような線路を **TEM 線路** といいます．TEM は 4.4 節にも示したとおり，transverse electromagneteic で，"電界も磁界も進行方向を横切っている" という意味です．導波管や光ファイバのように，直流帰路を持たない線路は，後章で述べるように波の進行方向に電界や磁界成分が生じます．

参考 ◇ **電流分布について**

　左頁にも記したとおり，z が等しい点においては上下線路には大きさが等しい逆相の電流が流れていることに注意してください．

参考 ◇ **等価回路**

　図 8.1, 8.3 において，実際には上下線とも R, L を持っています．図はこれをまとめて上のように表したものです．

8.2 伝送線方程式の解

式 (8.3) および (8.4) を z について微分し，式 (8.4) および (8.3) に代入することにより，$V(z), I(z)$ についてのヘルムホルツの方程式を得ます．

$$\frac{d^2V(z)}{dz^2} - \gamma^2 V(z) = 0, \qquad \frac{d^2I(z)}{dz^2} - \gamma^2 I(z) = 0 \qquad (8.5)$$

$$\gamma = \alpha + j\beta = \sqrt{(R+j\omega L)(G+j\omega C)} \qquad (8.6)$$

γ は**伝搬定数**，α は**減衰定数**，β は**位相定数**で，導電媒質中の平面電磁波で用いたものと同じです．式 (8.5) の解は次のようになります．

$$V(z) = V_1 e^{-\gamma z} + V_2 e^{\gamma z} \qquad (8.7)$$

$$I(z) = \frac{1}{Z_c}\left(V_1 e^{-\gamma z} - V_2 e^{\gamma z}\right) \qquad (8.8)$$

$$Z_c = \sqrt{\frac{Z_s}{Y_p}} = \sqrt{\frac{R+j\omega L}{G+j\omega C}} \qquad (8.9)$$

ここに Z_c は電圧対電流比であり，線路の**特性インピーダンス**と呼ばれます．伝搬定数と特性インピーダンスは，伝送線の性質を表す重要なパラメータです．

無損失線路

$R = 0, G = 0$ の線路を無損失線路といいます．伝送線方程式は真空中または誘電体媒質中の平面波の式に対応し，特性パラメータは次のようになります．

伝搬定数： $\alpha = 0, \qquad \beta = \omega\sqrt{LC}$

伝搬速度： $u = u_p = \omega/\beta = 1/\sqrt{LC}$ （一定）

特性インピーダンス： $R_c = \sqrt{L/C}, \qquad X_c = 0$

低損失線路

$R \ll \omega L, G \ll \omega C$ の線路を低損失線路といいます．各パラメータは低損失の条件を用いると次のように近似されます．

伝搬定数： $\alpha \cong (1/2)(R\sqrt{C/L} + G\sqrt{L/C}), \qquad \beta \cong \omega\sqrt{LC}$

伝搬速度： $u = u_p \cong \omega/\beta \cong 1/\sqrt{LC}$ （ほぼ一定）

特性インピーダンス： $R_c \cong \sqrt{L/C}, \qquad X_c \cong 0$

参考 ◇　伝送線方程式とマクスウェルの方程式 ─────────────

　すでに気付かれたと思いますが，伝送線を伝搬する波と導電媒質中の平面電磁波との間には密接な関連があります．両者のパラメータの間には次のような対応があります．

$V \leftrightarrow E, \quad I \leftrightarrow H, \quad L \leftrightarrow \mu, \quad G \leftrightarrow \sigma, \quad C \leftrightarrow \varepsilon$

マクスウェルの方程式には R に対応するパラメータがありません．これは真磁荷なく，磁流がないことに起因しています．

参考 ◇　"伝搬速度一定" の重要性 ─────────────

　例えば，ディジタル信号のようなパルス波形を伝送する場合を考えてみます．パルス波形は多くの周波数成分を含んでいますから，伝搬速度が周波数によって異なると，受信点で原波形を再現できません．"伝搬速度一定" は歪無く波形を伝送する上で重要な条件です．

参考 ◇　無歪線路 ─────────────

　一般に低損失線路では，位相定数が完全には ω に比例しないので，伝搬速度は周波数によって完全に一定ではありません．ただし，$R/L = G/C$ という条件を満足すると伝搬速度は $u = u_p = 1/\sqrt{LC}$ で一定になり，無歪伝送ができます．また，このとき $\alpha = R\sqrt{C/L} = \sqrt{RG}$ となり，同じ R, G, C を持つ線路の中で減衰を最小にでき，特性インピーダンスも抵抗分のみになります．
　このような線路を**無歪線路**といいます．

§ 例題 8.1 §　減衰定数 $\alpha = 1.0 \times 10^{-3}$ 〔neper/m〕の線路の一端に電圧 V_0 〔V〕を加えました．1.0〔km〕，5.0〔km〕先で電圧は何〔%〕になりますか？　ただし，反射はないものとします．

† 解答 †

　距離 z〔m〕点での電圧を V〔V〕とすると，$V/V_0 = e^{-\alpha z}$

$$V(1km)/V_0 = e^{-1.0 \times 10^{-3} \times 10^3} \cong 0.368 = 36.8 \, [\%]$$

$$V(5km)/V_0 = e^{-1.0 \times 10^{-3} \times 5 \times 10^3} \cong 0.0067 = 0.67 \, [\%]$$

　◇　距離による減衰の度合いに注目してください．

8.3 進行波と定在波

簡単のため無損失線路で考えると，伝送線上の電圧電流は次式で表されます．

$$V(z) = V_1 e^{-j\beta z} + V_2 e^{j\beta z}, \quad I(z) = \frac{1}{Z_c}(V_1 e^{-j\beta z} - V_2 e^{j\beta z}) \quad (8.10)$$

図 8.4 のように線路の右端を $z=0$ とし，インピーダンス Z_l で終端すると一般に反射が起きます．$\varGamma = V_2/V_1$ は負荷点における**反射係数**と呼ばれ，一般に複素数で，$|\varGamma| \leq 1$ となります．$Z_l = V(0)/I(0)$ を $\varGamma$ で表し，$\varGamma$ について解くと，

$$Z_l = \frac{V(0)}{I(0)} = Z_c \left(\frac{V_1 + V_2}{V_1 - V_2} \right) = Z_c \frac{1+\varGamma}{1-\varGamma} \quad (8.11)$$

$$\varGamma = \frac{Z_l - Z_c}{Z_l + Z_c} \quad (8.12)$$

$Z_l = R_l$，$Z_c = R_c$ とし，R_l が変化した場合の電圧・電流振幅を考えます．

(1) $R_l = R_c$ は**整合状態**にあるといわれ，$\varGamma = 0$ となります．電圧・電流は図 8.5 のように**進行波**となり，線路上のどの点でも最大値が等しくなります．

(2) $R_l = 0$ は**先端短絡線路**と呼ばれ，$\varGamma = -1$ となり，完全反射します．電圧・電流振幅は図 8.6 (a) のようになり，7.2 節に述べた，完全導体に垂直入射する平面電磁波の電界・磁界の様子と同じになります．

(3) $R_l < R_c$ の場合，$0 > \varGamma > -1$ で，進行波と定在波が共存します．電圧・電流振幅は図 8.6 (a) に併記したように (1) と (2) の中間状態となります．

(4) $R_l = \infty$ は**先端開放線路**と呼ばれ，$\varGamma = 1$ となり完全反射します．電圧電流振幅は図 8.6 (b) に示すように (2) と電圧・電流の位相が入れ替わります．

(5) $R_l > R_c$ の場合，$0 < \varGamma < 1$ で，電圧・電流振幅は (1) と (4) の中間状態となり，図 8.6 (b) に併記したようになります．

定在波の立っている度合いを示す量として，線路上の最大電圧振幅と最小電圧振幅の比 S を用います．S は**電圧定在波比**と呼ばれ，整合状態で 1，整合状態から離れるほど大きくなり，先端開放および短絡の場合は ∞ となります．

$$S = \frac{V_{max}}{V_{min}} = \frac{1+|\varGamma|}{1-|\varGamma|} \quad (8.13)$$

8 伝送線理論

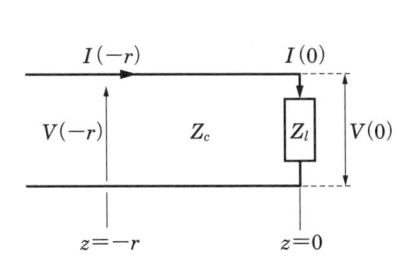

図 8.4 Z_l で終端した伝送線路

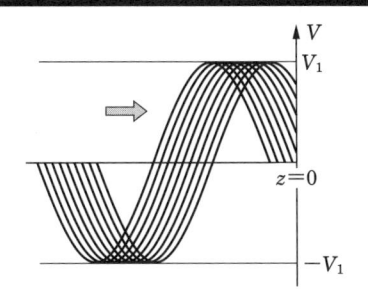

図 8.5 整合状態の進行波

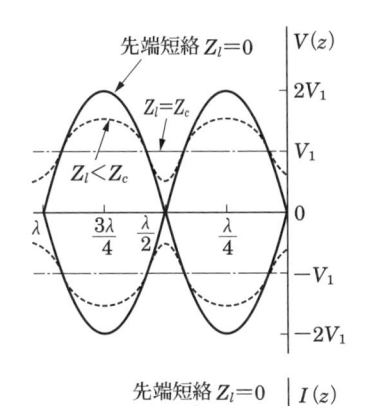

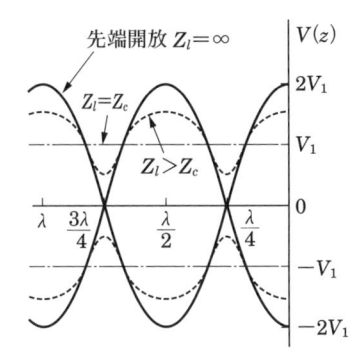

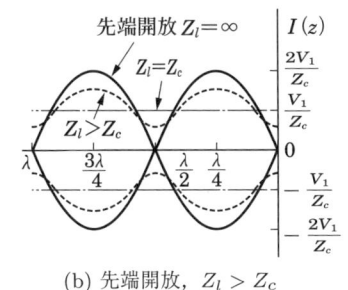

(a) 先端短絡，$Z_l < Z_c$

(b) 先端開放，$Z_l > Z_c$

図 8.6 終端抵抗値に対する電圧電流分布

参考 ◇ 伝達電力

入射波 V_1，反射波 V_2 の時，負荷へ伝達される電力は次のようになります。

$$P = \frac{|V_1|^2}{Z_c} - \frac{|V_2|^2}{Z_c} \tag{8.14}$$

8.4 線路から見たインピーダンス

前節で見たように，線路の電圧・電流は場所により変化しますから，インピーダンスも変わってきます．負荷 Z_l に長さ r の線路を接続したとき，線路から見たインピーダンスは次のように表されます．

$$Z = \frac{V(-r)}{I(-r)} = Z_c \frac{V_1 e^{j\beta r} + V_2 e^{-j\beta r}}{V_1 e^{j\beta r} - V_2 e^{-j\beta r}}$$

$$= Z_c \frac{Z_l + jZ_c \tan\beta r}{Z_c + jZ_l \tan\beta r} \tag{8.15}$$

次に，いくつかの場合についてこのインピーダンスを求めてみます．

先端短絡線路： 式 (8.15) において $Z_l = 0$ とおくと，

$$Z = jX = jZ_c \tan\beta r \tag{8.16}$$

これから先端短絡線路はリアクタンス成分のみを持ち，r が変化するとその値は $-\infty \to \infty$ 間を変化します．すなわち，線路は長さによって誘導性にも容量性にもなります．図 8.7 にこの様子を示します．

先端開放線路： 式 (8.15) の分母分子を Z_l で割り，$Z_l \to \infty$ とすると，

$$Z = jX = \frac{Z_c}{j\tan\beta r} = -jZ_c \cot\beta r \tag{8.17}$$

図 8.8 にこの様子を示します．この特性は，先端短絡線路の特性と $\lambda/4$ だけずれており，誘導性と容量性が逆になっています．

$\lambda/4$ 変成器： 線路長が $\lambda/4$ のときは次式を得ます．

$$ZZ_l = Z_c^2 \tag{8.18}$$

すなわちこの線路は，Z_c より高い（低い）インピーダンスを Z_c より低く（高く）変換する変成器として働きます．

半波長線路： 線路長が $\lambda/2$ であると，

$$Z = Z_l \tag{8.19}$$

となり，半波長線路の影響はなくなります．すなわち，入力インピーダンスは半波長ごとに負荷インピーダンスに戻ることになります．

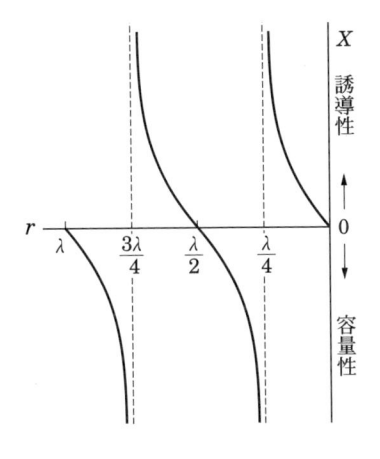

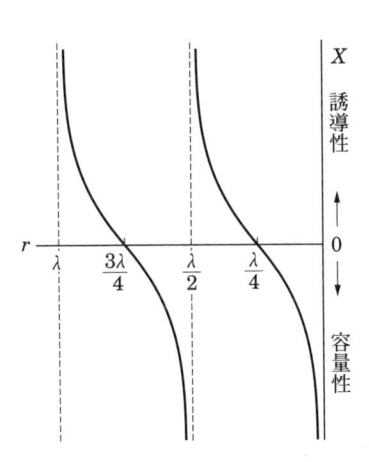

図 8.7　先端短絡線路　　　　図 8.8　先端開放線路

§例題 8.2§　特性インピーダンス $Z_c = 50 \,[\Omega]$，長さ $r = 1.25\lambda$ の無損失線路の一端に負荷 $Z_l = 25 + j25 \,[\Omega]$ を接続したとき，次の値を求めなさい．
(1) 負荷点における反射係数　(2) 電圧定在波比　(3) 他端から見たインピーダンス

†解答†

(1) 反射係数
$$\varGamma = \frac{Z_l - Z_c}{Z_l + Z_c} = \frac{-25 + j25}{75 + j25} = \frac{-1 + j1}{3 + j1}$$
$$= \frac{(-1 + j1)(3 - j1)}{(3 + j1)(3 - j1)} = \frac{-1 + j2}{5} = -0.2 + j0.4$$
$$|\varGamma| = \sqrt{0.2^2 + 0.4^2} = \sqrt{0.2} = 0.447$$

(2) 電圧定在波比
$$S = \frac{1 + 0.447}{1 - 0.447} = 2.62$$

(3) インピーダンス
$$\tan \beta r = \tan \frac{2\pi}{\lambda} \frac{5\lambda}{4} = \tan \frac{\pi}{2} = \infty$$
$$Z = \frac{Z_c^2}{Z_l} = \frac{2500}{25 + j25} = \frac{100}{1 + j1} = 50 - j50 \,[\Omega]$$

章末問題8

1. $Z_c = 50\,[\Omega]$, $L = 0.25\,[\mu\mathrm{H}]$ の無損失線路の C の値を求めなさい．この線路媒質の比誘電率はいくらですか？

2. $100\,[\mathrm{MHz}]$ において $Z_c = 50 + j0\,[\Omega]$, $\alpha = 1 \times 10^{-3}\,[1/\mathrm{m}]$, $\beta = 0.8\pi\,[\mathrm{rad/m}]$ の線路があります．線路の R, L, G, C を求めなさい．

3. 特性インピーダンス $50\,[\Omega]$ の伝送線路を，(1) $25\,[\Omega]$ (2) $j25\,[\Omega]$ で終端したときの負荷点における反射係数の大きさを求めなさい．

4. 特性インピーダンス $Z_c = 50\,[\Omega]$，長さ 1.125λ の無損失線路の一端に負荷 $Z_l = 100 - j50\,[\Omega]$ を接続しました．負荷点における反射係数，電圧定在波比，線路の他端から見たインピーダンスを求めなさい．

5. 伝送線路上の最大インピーダンスが $100\,[\Omega]$，最小インピーダンスが $25\,[\Omega]$ でした．電圧定在波比および線路の特性インピーダンスはいくらですか？

6. 線長 l が波長に比べて十分短いとき，先端短絡線路は $Ll\,[\mathrm{H}]$ のインダクタンス，先端開放線路は $Cl\,[\mathrm{F}]$ のキャパシタンスとなることを示しなさい．

† ヒント †

1. $R_c = \sqrt{L/C}$, $u = 1/\sqrt{LC}$
2. Z_c が純抵抗の場合は無歪線路になります．
3. (1) と (2) では全く違った反射係数になります．
4. $r = 1.125\lambda$ のとき，$\tan\beta r$ はいくらになりますか？
5. 図 8.6 から分かるとおり，電圧が最大（最小）の点で電流は最小（最大）になっています．したがって，その点におけるインピーダンスは最大（最小）になります．
$R_{max} = V_{max}/I_{min} = (1+|\Gamma|)/(1-|\Gamma|)Z_c = SZ_c$
$R_{min} = V_{min}/I_{max} = (1-|\Gamma|)/(1+|\Gamma|)Z_c = Z_c/S$
6. $\beta l \ll 1$ のとき，$\tan\beta l \cong \beta l$ と表せます（付録 A.7 参照）．

9 各種 TEM 線路

　前章で述べた内容は，線路の方向に電磁界成分を持たない TEM 波を前提としています．TEM 波を伝送するためには，直流的に絶縁された2本以上の導体からなる伝送線路が必要になります．したがって，同一電位にある導体壁で囲まれた導波管や，誘電体で構成される光ファイバにおいては，TEM 波は存在しません．これらについては章を改めて述べることとし，本章では，次の3種類の TEM 線路について概説します．

(1)　平行2線
(2)　同軸ケーブル
(3)　ストリップ線路（平行平板）
(4)　線路の使用周波数範囲

　平行2線は発明者にちなんでレッヘル線とも呼ばれており，伝送線路の基本をなすもので，テレビのフィーダなどに使われてきました．しかし，最近は同軸ケーブルの開発が進み，より広い範囲の周波数で使用できるようになってきました．ストリップ線路は，HIC やマイクロ波 IC 等の進歩に伴い急成長してきましたが，ここではその基本となる平行平板について述べます．これらの線路について，電磁界の様子，単位長当たりの直列インピーダンスや並列アドミタンス，特性インピーダンス，位相定数，位相速度等を解析します．最後に，これらの線路，より簡単な線路，導波管などの使用周波数範囲の比較を行います．

9.1 平行2線

平行2線はレッヘル線とも呼ばれ，簡便で，図に表現しやすく，回路理論とのつながりも良く，代表的な伝送線路といえます．

電磁界

伝送線路を電磁気学的に取り扱うこともちろん可能です．図 9.1 に，線に垂直な面内の電気力線，磁力線を示します．任意の点 P における電磁界は，それぞれの力線に沿っており，ポインティングベクトルは負荷の方に向かいます．すなわち，負荷に伝達されるエネルギーは線路により電圧・電流の形で伝達されるとも，空間を伝わり，最終的には負荷に吸収されるとも解釈することができます．

線路の定数

単位長当たりのキャパシタンス C は，図 9.2 の電位差 V_{AB} から求められます．

$$C = \frac{q}{V_{AB}} = \frac{\pi\varepsilon}{\ln\frac{d-a}{a}} \cong \frac{\pi\varepsilon}{\ln\frac{d}{a}} \quad [\text{F/m}] \tag{9.1}$$

L は"線路の太さが等しい，往復線路の外部インダクタンス"が適用でき，

$$L = \frac{\mu}{\pi}\ln\frac{d}{a} \quad [\text{H/m}] \tag{9.2}$$

線路が無損失で，媒質の比誘電率，比透磁率をそれぞれ ε_r, 1 とすると，特性インピーダンス，位相定数，伝搬速度は次のようになります．

$$Z_c = \sqrt{\frac{L}{C}} = \frac{1}{\pi}\sqrt{\frac{\mu}{\varepsilon}}\ln\frac{d}{a} \cong \frac{276}{\sqrt{\varepsilon_r}}\log\frac{d}{a} \quad [\Omega] \tag{9.3}$$

$$\beta = \omega\sqrt{LC} = \omega\sqrt{\varepsilon\mu} = \omega\frac{\sqrt{\varepsilon_r}}{c} \quad [\text{rad/m}] \tag{9.4}$$

$$u = u_p = \frac{\omega}{\beta} = \frac{c}{\sqrt{\varepsilon_r}} \quad [\text{m/s}] \tag{9.5}$$

導線の透磁率，導電率をそれぞれ μ_c, σ_c, 表皮の深さを δ とすると，R の値は，

$$R \cong 2\times\frac{1}{\sigma_c}\frac{1}{\delta\,2\pi a} = \sqrt{\frac{f\mu_c}{\pi\sigma_c}}\frac{1}{a} \quad [\Omega/\text{m}] \tag{9.6}$$

媒質の導電率を σ とすると，G は，電磁気学で学んだ $C/G = \varepsilon/\sigma$ の関係から $G = \pi\sigma/\ln\{(d-a)/a\} \cong \pi\sigma/\ln(d/a)$ と表せます．

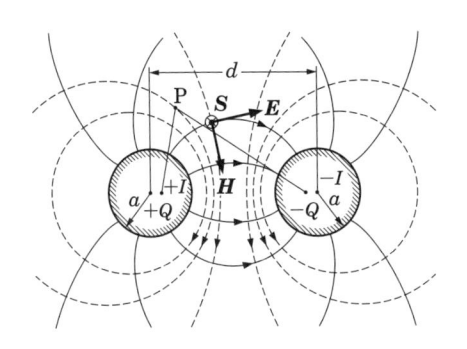

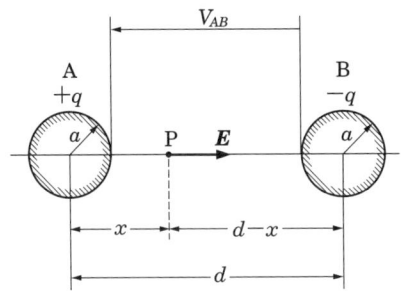

図 9.1 平行 2 線の電磁界　　　　図 9.2 平行 2 線の電位差

参考 ◇ **単位長当たりキャパシタンスの求め方**

図 9.2 において，導線 A, B に単位長当たり電荷 $+q$, $-q$ を与えたとき，中心線上の点 P における電界の大きさは，

$$E = \frac{q}{2\pi\varepsilon x} + \frac{q}{2\pi\varepsilon(d-x)} = \frac{q}{2\pi\varepsilon}\left(\frac{1}{x} + \frac{1}{d-x}\right)$$

2 導体間の電位差 V_{AB} を求めると，

$$V_{AB} = -\int_B^A E dx = \int_A^B E dx = \frac{q}{2\pi\varepsilon}\int_a^{d-a}\left(\frac{1}{x} + \frac{1}{d-x}\right)dx$$

$$= \frac{q}{2\pi\varepsilon}[\ln x - \ln(d-x)]_a^{d-a} = \frac{q}{\pi\varepsilon}\ln\frac{d-a}{a}$$

単位長当たりキャパシタンスは $C = q/V_{AB}$ により求められます．

参考 ◇ **外部インダクタンスを適用する理由**

線路のインダクタンスには線路内部のインダクタンスと外部のそれの和になります．我々が対象とする高周波では表皮効果のため，線路内部に電流が流れないので外部インダクタンスのみになります．

参考 ◇ **単位長当たり R の求め方**

表皮の深さ δ にだけ電流が流れるとして導線抵抗を計算しています．2 倍するのは往復線路であるからです．

9.2 同軸ケーブル

　同軸ケーブルは図 9.3 に示すように，より線を内部導体，細い導線で作った編組を外部導体とし，その間にポリエチレンをスペーサとして用いています．電子装置相互間の高周波信号伝送用として多用されています．

電磁界

　図 9.4 に，内導体半径 a，外導体内側半径 b の同軸ケーブル内電気力線，磁力線を示します．任意の点 P の電磁界から，ポインティングベクトルは負荷の方に向かうことが分かります．

線路の定数

　キャパシタンス C は内外導体間の電位差から求められます．

$$C = \frac{q}{V_{AB}} = \frac{2\pi\varepsilon}{\ln(b/a)} \quad [\text{F/m}] \tag{9.7}$$

インダクタンス L は，内部導体電流に鎖交する磁束を積分して求められます．

$$d\Phi = \mu H dr \times 1 = \frac{\mu I}{2\pi r} dr$$

$$\Phi = \int_a^b d\Phi dr = \int_a^b \frac{\mu I}{2\pi r} dr = \frac{\mu I}{2\pi} \ln \frac{b}{a}$$

$$L = \frac{\Phi}{I} = \frac{\mu}{2\pi} \ln \frac{b}{a} \quad [\text{H/m}] \tag{9.8}$$

線路が無損失で，媒質の比誘電率，比透磁率がそれぞれ ε_r，1 とすると，特性インピーダンスは次のようになります．

$$Z_c = \sqrt{\frac{L}{C}} = \frac{1}{2\pi}\sqrt{\frac{\mu}{\varepsilon}} \ln \frac{b}{a} \cong \frac{138}{\sqrt{\varepsilon_r}} \log \frac{b}{a} \quad [\Omega] \tag{9.9}$$

位相定数，伝搬速度は平行 2 線と同じ形になります．

　損失のある線路においては，導線の透磁率，導電率をそれぞれ μ_c，σ_c，表皮の深さを δ とすると単位長当たりの R は

$$R = \frac{1}{2\pi a \delta \sigma_c} + \frac{1}{2\pi b \delta \sigma_c} \cong \frac{1}{2}\sqrt{\frac{f\mu_c}{\pi\sigma_c}}\left(\frac{1}{a} + \frac{1}{b}\right) [\Omega/\text{m}] \tag{9.10}$$

媒質の導電率を σ とすると，単位長当たり G は前節と同じ関係を用いて，$G = 2\pi\sigma/\ln(b/a)$ [S/m] と表すことができます．

9 各種 TEM 線路

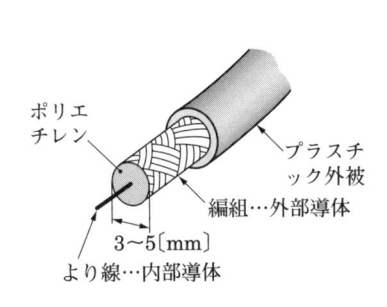

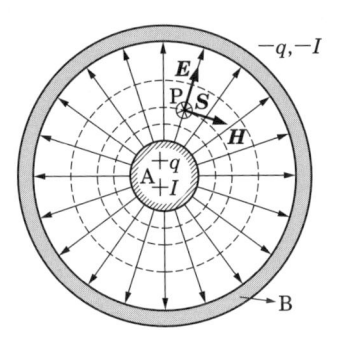

図 9.3 同軸ケーブル　　図 9.4 同軸ケーブル内の電磁界

参考 ◇ 遮蔽効果

同軸ケーブルは外部導体を上手に接地すると，電気的にも磁気的にも遮蔽効果があります．接地点の選択については図 9.9 を参照してください．

参考 ◇ 単位長当たりキャパシタンスの求め方

図 9.4 において，内外導体 A, B に単位長当たり $+q, -q$ の電荷を与えると，半径 r における電界は $E = q/2\pi\varepsilon r$．これを積分し，$C = q/V_{AB}$ を求めます．

$$V_{AB} = \int_a^b E dr = \int_a^b \frac{q}{2\pi\varepsilon r} dr = \frac{q}{2\pi\varepsilon} \ln \frac{b}{a} \quad [\text{V}]$$

§例題 9.1§ $b = 5\,[\text{mm}], a = 1\,[\text{mm}]$ で，$\varepsilon_r = 2.25$ の媒質で充填された同軸ケーブルの特性インピーダンス，$100\,[\text{MHz}]$ における位相定数および伝搬速度を求めなさい．

†解答†

式 (9.9) および (9.4), (9.5) を用いて次のように求められます．

$$Z_c = \frac{138}{\sqrt{\varepsilon_r}} \log \frac{b}{a} = \frac{138}{1.5} \log 5 = 64.3 \quad [\Omega]$$

$$\beta = \omega \frac{\sqrt{\varepsilon_r}}{c} = 2\pi \times 10^8 \times \frac{1.5}{3 \times 10^8} = \pi \quad [\text{rad/m}]$$

$$u = u_p = \frac{c}{\sqrt{\varepsilon_r}} = \frac{3 \times 10^8}{1.5} = 2 \times 10^8 \quad [\text{m/s}]$$

9.3 ストリップ線路

図 9.5 に示すような構造の線路をストリップ線路といいます．(a) は**マイクロストリップ線路**と呼ばれ，両面銅箔の基板の片面に，プリント基板技術により導線を構成したものです．この線路は，回路やアンテナを同一面に構成できるので広く用いられます．(b) は**平衡形ストリップ線路**と呼ばれます．

電磁界

マイクロストリップ線路の線幅 w は，一般にそれほど広くないので，洩れ電界ができ線路間にできる電界は一様とはいえません．線路の電界の概略を示すと，図 9.6 のようになっています．これは解析が難しいので，ここでは基礎となる平行平板線路について述べます．図 9.7 に，平行平板の一端に電圧を加えた場合の電磁界を示します（3.4 節の例題 3.3 参照）．

平行平板線路の定数

平行平板の導体幅を w 〔m〕，間隔を d 〔m〕とすると，C は，

$$C = \varepsilon \frac{w}{d} \quad \text{〔F/m〕} \tag{9.11}$$

L は単位長当たり導体間を通る磁束 Φ から求められます．

$$\Phi = \mu H d \times 1 = \mu \frac{d}{w} I$$

$$L = \frac{\Phi}{I} = \mu \frac{d}{w} \quad \text{〔H/m〕} \tag{9.12}$$

線路が無損失で，媒質の比誘電率，比透磁率がそれぞれ ε_r, 1 であるとすると特性インピーダンスは次のようになります．

$$Z_c = \sqrt{\frac{L}{C}} = \sqrt{\frac{\mu}{\varepsilon}} \frac{d}{w} \cong \frac{120\pi}{\sqrt{\varepsilon_r}} \frac{d}{w} \quad \text{〔Ω〕} \tag{9.13}$$

位相定数，伝搬速度は平行 2 線や同軸線路と同じになります．

損失のある線路の場合は，導線の透磁率，導電率をそれぞれ μ_c, σ_c, 表皮の深さを δ, 媒質の導電率を σ とすると，

$$R = 2 \times \frac{1}{\sigma_c} \frac{1}{\delta w} \cong \frac{2}{w} \sqrt{\frac{\pi f \mu_c}{\sigma_c}} \quad \text{〔Ω/m〕} \tag{9.14}$$

$$G = \sigma \frac{w}{d} \quad \text{〔S/m〕} \tag{9.15}$$

9 各種 TEM 線路

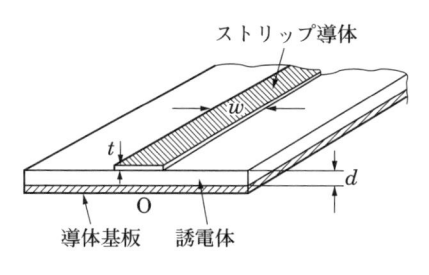

(a) マイクロストリップ線路　　　(b) 平衡形ストリップ線路

図 9.5　代表的なストリップ線路

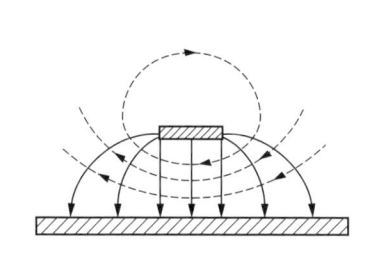

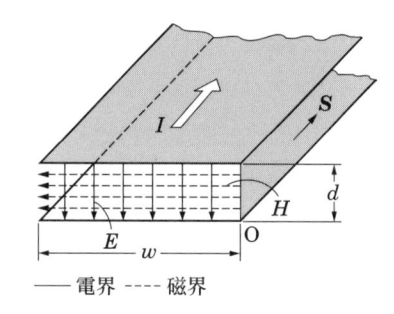

図 9.6　線路の電磁界　　　図 9.7　平行平板の電磁界

電界 ---- 磁界

参考 ◇　マイクロストリップ線路の特性インピーダンス

導体幅 w, 基板の比誘電率 ε_r, 基板の厚さ d のマイクロストリップ線路の特性インピーダンスにはいろいろな近似式があり，一例を示すと次のとおりです．

$$Z_c \cong \frac{60}{\sqrt{\varepsilon_{\text{eff}}}} \ln\left(\frac{8d}{w} + \frac{w}{4d}\right) \qquad \text{for } \frac{w}{d} \leq 1 \quad (9.16)$$

$$Z_c \cong \frac{120\pi}{\sqrt{\varepsilon_{\text{eff}}}} \frac{1}{2.42 + \dfrac{w}{d} - \dfrac{0.44d}{w} + \left(1 - \dfrac{d}{w}\right)^6} \qquad \text{for } \frac{w}{d} > 1 \quad (9.17)$$

ここに　$\varepsilon_{\text{eff}} = \dfrac{\varepsilon_r + 1}{2} + \dfrac{\varepsilon_r - 1}{2\sqrt{1 + 10d/w}}$ \hfill (9.18)

9.4 線路の使用周波数範囲

ここでは，色々な線路がどのような周波数帯まで使用できるかを，目安を与える意味でごく大まかに比較してみます．図 9.8 に総括図を示します．

普通の 2 本線路

他の線路ないしは回路からの誘導に対策を施していない，普通の 2 本線路では，たかだか 10〔kHz〕程度までしか使用できないでしょう．2 線を互いにねじり合わせた**より対線**にすると，ケーブル間の漏れを少なくでき，電気特性がバランスするように特別な配慮を払っていくと，100〔MHz〕程度まで使うことができます．

平行 2 線

さらに信頼性の高い動作を確保するためには，特性インピーダンスが一定になるようにする必要があります．このように製作された平行 2 線（レッヘル線）は数百〔MHz〕まで使用することができます．ただし，放射や外部からの結合が大きいので同軸ケーブルより性能が劣ります．

同軸ケーブル

同軸ケーブルは外部導体を適切に接地して電磁シールドすることができるので，外部との結合を少なくすることができます．ただし，図 9.9 に一例を示すように，誘導のメカニズムを理解しないで接地しても効果がないので注意を要します．

同軸ケーブルは直流からマイクロ波まで広帯域信号を伝送することができ，機器内，機器間，長距離伝送用に広く用いられます．従来は，数〔GHz〕が同軸ケーブルと導波管との境目とされましたが，近年は，数十ないし百〔GHz〕まで使用できるものまで出現してきました．これに伴って，同軸コネクタも小型・高周波化がはかられ，同軸ケーブルの周波数帯に対応するものが出てきています．

マイクロストリップ線路

マイクロストリップ線路は他の部品とともに，HIC(Hybrid IC) や MIC(Microwave IC) として用いられることが多いのですが，数十〔GHz〕までは使用できます．最近はパソコンのクロック周波数が〔GHz〕のオーダまで上がってきたので，プリント基板配線でも線路特性が問題になってきています．

9 各種 TEM 線路

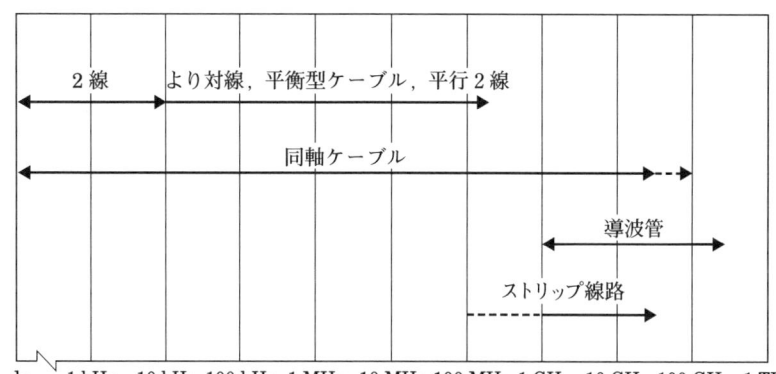

◇ 参考　この矢印は使用されるおおまかな周波数範囲を示したもので，〔dB/km〕等の数値に基づいたものではありません．

図 9.8　各種線路の使用可能周波数限界

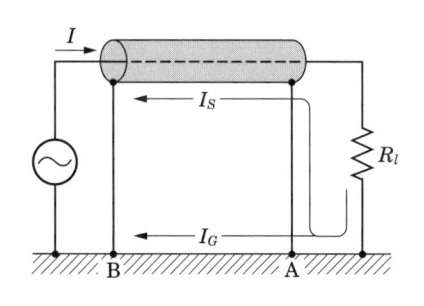

図 9.9　効果のない磁気シールド

信号の乗っている線に導体をかぶせたとき，負荷 R_l を通った電流 I がすべてかぶせた線に流れて $I_S = I$ になってくれれば，外部には磁界は生じません．しかし，図 9.9 のように接地すると，負荷を通った電流はアースにも分かれて I_G が流れるため，外部に磁界が生じてしまいます．これは同軸ケーブルの外皮を接地する場合も同様です．

参考 ◇　導波管と光ファイバ

導波管の周波数上限は現状では 200〔GHz〕程度です．光ファイバは，逆に 150〔THz〕あたりが下限かと思われます．この間の周波数は，素子を含めて開発途上ないしは未開発の状態にあります．

章末問題9

1. 特性インピーダンス 50 [Ω] の，ポリエチレン絶縁平行 2 線ケーブルの 1 [cm] 当たりの静電容量はいくらですか．ただし，ポリエチレンの比誘電率は $\varepsilon_r = 2.25$ とします．

2. $\sigma_c = 5.8 \times 10^7$ [S/m] の銅線でできた，$d = 10$ [mm], $a = 1.0$ [mm] の平行 2 線があります．絶縁媒質の比誘電率は 1, コンダクタンスは 0 として，$f = 200$ [MHz] におけるこの線路の伝搬定数を求めなさい．

3. $d = 5.0$ [cm], $a = 5.0$ [mm] の平行 2 線と，$d = 5.0$ [cm], $a = 1.5$ [mm] の平行 2 線の中間に，$\lambda/4$ 線路を接続して整合をとりたい．$d = 5.0$ [cm], 線路媒質は空気としたとき a をいくらに選べば良いでしょうか．

4. 外導体の内径が与えられている同軸線路において，最も小さい減衰定数を与える内導体直径を求めなさい．ただし，内外導体は同一金属でできており，媒質による損失はないものとします．

5. マイクロストリップ線路と，平衡形ストリップ線路の得失は？

†ヒント†

1. $Z_c = \sqrt{L/C} = 1/(uC)$, $u = c/\sqrt{\varepsilon_r}$

2. $\alpha \cong (1/2)R\sqrt{C/L} = R/(2Z_c)$（8.2 節参照）

3. $ZZ_l = Z_c^2$ を用いる．

4. $\alpha \cong R/2Z_c$ の Z_c, R に式 (9.9), (9.10) を代入し，$b/a = x$ とおいて x に対する極値を求めます．数値計算により $x \cong 3.59$ となります．

5. 平行 2 線と同軸ケーブルの得失は？

10 導波管

　1つの導体で囲まれた管の中に電磁波を伝送させるとき，この管を導波管といいます．導波管は TEM 線路より高周波における減衰が少ないので，マイクロ波領域で用いられてきました．最近は同軸線路の性能が上がって，やや様相が異なってきていますが，それでもミリ波帯では導波管の方が優位にあるといえます．ところで，導波管の軸方向に TEM 波は伝搬し得るでしょうか？　これは境界条件の関係で伝搬することができず，TE または TM 波と呼ばれる形態をとります．本章では，これまでの結果を基にして，これらがどういうものであり，どうしてそうなるのかを解説します．

(1)　導体壁への斜め入射
(2)　平行平板間の電磁波
(3)　導波管内の電磁波
(4)　モード

　まず，7 章で説明した斜め入射において，媒質 II が完全導体であった場合の媒質 I 中の電磁波について述べます．ついで，媒質 II に平行にもう 1 つの導体板をおいた場合，この平行板間を伝搬する波が持たなければならない条件を求めます．さらに上下にも導体をつけた導波管について，波の経路，導波管内の波長，波長と管幅の関連，導波管内のエネルギー伝搬速度がどうなるかを述べます．導波管内の電磁界分布をモードといいますが，基本モードのほかに色々のモードを持つ波が伝搬し得ます．最後にこのモードについて解説します．

10.1 導体壁への斜め入射

空気から完全導体への斜め入射した場合，空中の電磁界がどうなるかを調べます．

直交偏波

第7章と同じ座標形を用いた場合，直交偏波の電磁界は図 10.1(a) のとおりです．反射は導体面のあらゆる点でおき，入射波と反射波の干渉パタンは図 10.1(b) のようになります．図中の太い点線は波の + 最大値，細い点線は − 最小値を示します．したがって，太い線と細い線が交わった点では電界は 0 (例えば A, A″)，太い（細い）線が交わった点では振幅は 2 倍（例えば B, B′）になります．

また，空中の電磁界を計算すると次のようになります．

$$E_I(x,z) = -a_y j 2E_0 \sin(\beta_0 z \cos\theta_i) e^{-j\beta_0 x \sin\theta_i} \tag{10.1}$$

$$H_I(x,z) = -2\frac{E_0}{Z_0}\{a_x \cos\theta_i \cos(\beta_0 z \cos\theta_i)e^{-j\beta_0 x \sin\theta_i}$$
$$+ a_z j \sin\theta_i \sin(\beta_0 z \cos\theta_i)e^{-j\beta_0 x \sin\theta_i}\} \tag{10.2}$$

これらの図や式を観察すると，次のようなことが分かります．

(1) z 方向に電磁界の定在波が立っています．
(2) x 方向に，電磁界は次式の位相速度，波長で伝搬します．

$$u_x = \frac{\omega}{\beta_0 \sin\theta_i} = \frac{c}{\sin\theta_i}, \quad \lambda_x = \frac{2\pi}{\beta_0 \sin\theta_i} = \frac{\lambda_0}{\sin\theta_i} \tag{10.3}$$

(3) x 方向に伝搬する波の磁界は波の進行方向成分を持っています．
(4) $\sin(\beta_0 z \cos\theta_i) = 0$ のとき，すべての x に対して $E_I = 0$．この z の値は，

$$z = \frac{m\lambda_0}{2\cos\theta_i}, \quad m = 0, 1, 2, \cdots \tag{10.4}$$

(5) 図中の長さと波長との間には次の関係があります．

$$\overline{OA'} = \frac{\lambda_0}{2} = \frac{\pi}{\beta_0}, \quad \overline{OA} = \frac{\lambda_0}{2\cos\theta_i}, \quad \overline{OA''} = \frac{\lambda_0}{2\sin\theta_i} \tag{10.5}$$

平行偏波

直交偏波の場合と，電界・磁界を入れ替えて求めることができます．詳細は省略しますが，次の点を除いては直交偏波と同様のことがいえます．

"x 方向に伝搬する波の電界は波の進行方向成分を持っています．"

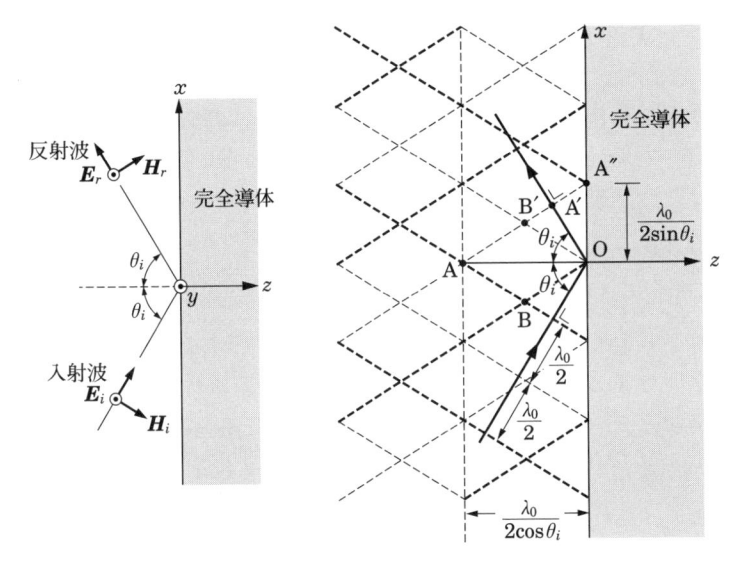

(a) 電磁界関係図　　　　(b) 干渉波パタン

図 10.1　完全導体への直交偏波の斜め入射

参考 ◇ 図 10.1(b) の補足説明

　図の等位相面は振幅の最大値しか表示していませんが，導体表面上では，どの点の電界も 0 になることは明らかです．同様に，$z = m\lambda_0/(2\cos\theta_i)$ 面上のどの点も電界は 0 になります．また，x 方向の進行波は z によって異なる振幅を持ちます．たとえば，B, B′ を通る波は最大振幅が $2E_0$ になります．

参考 ◇ 電磁界の導出

　完全導体の反射係数は -1 になります．したがって，媒質 I 中の電界は次のように求められます．磁界についても向きを考慮に入れて同様に求めることができます．

$$\begin{aligned}
\boldsymbol{E}_I(x,z) &= \boldsymbol{E}_i(x,z) + \boldsymbol{E}_r(x,z) \\
&= \boldsymbol{a}_y E_0(e^{-j\beta_0 z\cos\theta_i} - e^{j\beta_0 z\cos\theta_i})e^{-j\beta_0 x\sin\theta_i} \\
&= -\boldsymbol{a}_y j2E_0 \sin(\beta_0 z\cos\theta_i)e^{-j\beta_0 x\sin\theta_i}
\end{aligned}$$

10.2 平行平板間の電磁波

平行平板間の TE 波

完全導体への斜め入射において，導体壁から $(m\lambda_0)/(2\cos\theta_i)$ だけ離れた面上の電界はどこでも 0 になっています．したがって，この面に導体面を持ってきても，両導体間の電磁界に変化は起きません．簡単のため $m=1$ とすると，図 10.1(b) において，点 A を通る面に導体板を置いたことになります．

この場合の電界は y 方向で，波の進行方向（x 方向）に垂直ですが，磁界は z 成分のほかに x 成分を持っています．このような波を電界（だけ）が進行方向を横切っているという意味で **TE 波** (transverse electric wave) といいます．

これまでの説明では，自由空間内の波長 λ_0 と入射角 θ_i を与えた場合，平行平板間隔が決まったわけですが，波長と平行平板間隔を与えた場合は，入射波は勝手な角度をとるわけにはいきません．平板間の距離を a とすると，図 10.1(b) から，入射角は次式を満足しなければなりません．

$$\cos\theta_i = \frac{\lambda_0}{2a} \tag{10.6}$$

平板間の合成波は，平板に垂直な方向には定在波が立っており，平板に平行な方向には位相速度 $v_1/\sin\theta_i$ で進行しています．

平板間の電磁界は式 (10.1), (10.2) から求められます．ある時刻における電磁界を図 10.2 に示します．電界は板に平行で（もちろん板に接する点では 0），正負最大値の間隔が $\lambda_0/(2\sin\theta_i)$ になっています．磁界は，電界に垂直な面内で図のように閉じており，x 成分を持っています．

平行平板間の TM 波

完全導体に平行偏波が入射した場合も，点 A を通る面に導体板を置いても，電磁界の様子は変わりません．この場合の磁界は波の進行方向 x に垂直ですが，電界は x 成分を持ちます．このような波を，**TM 波** (transverse magnetic wave) といいます．TM 波の電磁界を 図 10.3 に示します．磁界は導体に平行ですが，電界は導体壁から垂直に出て垂直に入り，中央部では進行方向成分を持ちます．

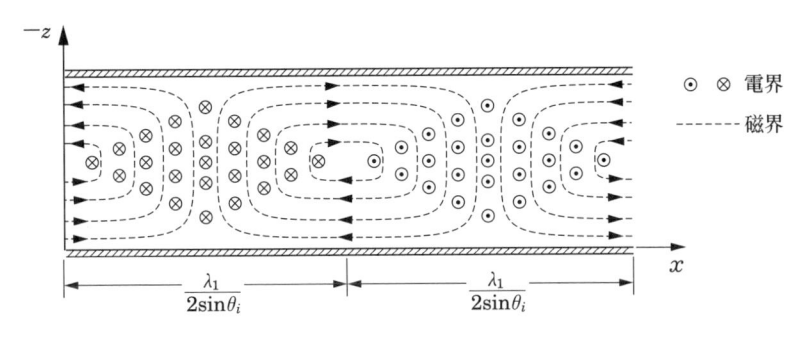

図 10.2 平行平板間の TE 波電磁界

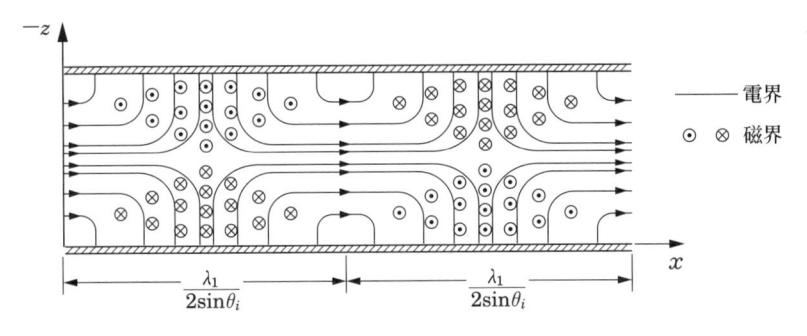

図 10.3 平行平板間の TM 波電磁界

参考 ◇ **TE 波,TM 波の別呼称**

TE 波は,磁界が進行方向成分を持つので,**H 波**ということもあります.
TM 波は,これに対し **E 波**とも呼ばれます.

§**例題 10.1**§ 間隔が 3.0 [cm] の導体平行平板間を周波数 10 [GHz] の TE 波が伝搬するとき,電波の平板への入射角はいくらになりますか? また,平板間に比誘電率 $\varepsilon_r = 2.0$ の誘電体が充填されているとどうなりますか?

†**解答**†

$\lambda_0 = 3.0$ [cm] だから $\theta_i = \cos^{-1}(\lambda_0/2a) = \cos^{-1} 0.5 = 60$ [deg]

$\varepsilon_r = 2.0$ が充填されていると $\theta_i = \cos^{-1}(0.5/\sqrt{2}) \cong 69.3$ [deg]

10.3 矩形導波管内の TE 波

平行平板間を TE 波が進行している状態において，電界に垂直な面にも完全導体平行平板を置いて，図 10.4 のような**矩形導波管**にした場合を考えます．上下導体に対し電界は直角に交わっており，境界条件は満足されています．電磁界の変化は起きませんから，矩形導波管内の電磁界は図 10.2 と同じになります．

これを上から見たところを図 10.5 (a) に示します．$\overline{OA'} = \lambda_0/2$ で，λ_0 は**自由空間波長**です．x 方向の波は，$2\overline{OA''}$ が波長であるとみなされるので**管内波長**と呼ばれ，λ_g と表します．$\lambda_g = \lambda_0/\sin\theta_i$ ですから，式 (10.6) を用いると，

$$\lambda_g = \frac{\lambda_0}{\sqrt{1-(\lambda_0/2a)^2}} \tag{10.7}$$

λ_0，λ_g と電波の経路の関係を図 10.5 (a)〜(c) に示します．(a) のように自由空間波長が短く，$\lambda_0/2 \ll a$ だと，λ_g は λ_0 よりわずかに長くなります．(b) のように λ_0 が長くなってくると，波の経路は x 軸とかなりの傾斜を持つようになり，$\lambda_g \gg \lambda_0$ となります．(c) のように $\lambda_0/2$ が導波管幅に等しくなると，波は管壁間を往復するだけで進行せず，λ_g は ∞ になります．このときの波長を**遮断波長** λ_c，これに対応する周波数を**遮断周波数** f_c といいます．

$$\lambda_c = 2a, \qquad f_c = \frac{c}{2a} \tag{10.8}$$

$\lambda_0/2 > a$ になると波は導波管内に存在し得なくなります．このように遮断波長より長い波長は管内を通ることができませんから，導波管はハイパスフィルタとして動作します．

図 10.5 (a) において，点 O で反射した波が点 A′ まで進んだとき，電力は $OA'\sin\theta_i$ しか進んでいません．したがって，導波管内の**電力伝搬速度** u_e は平面波の伝搬速度 c より遅くなります．逆に波面は OA'' だけ進んでおり，これが位相速度 u_p に対応しています．電力伝搬速度・位相速度は次のように表されます．

$$u_e = c\sin\theta_i = c\sqrt{1-(\lambda_0/2a)^2} \tag{10.9}$$

$$u_p = \frac{c}{\sin\theta_i} = \frac{c}{\sqrt{1-(\lambda_0/2a)^2}} \tag{10.10}$$

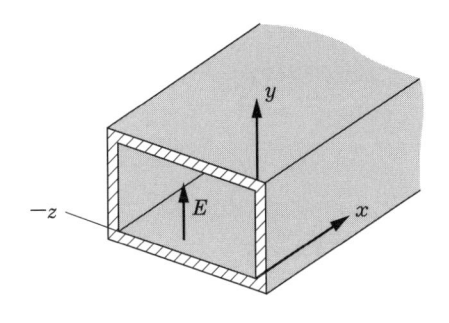

図 10.4 矩形導波管

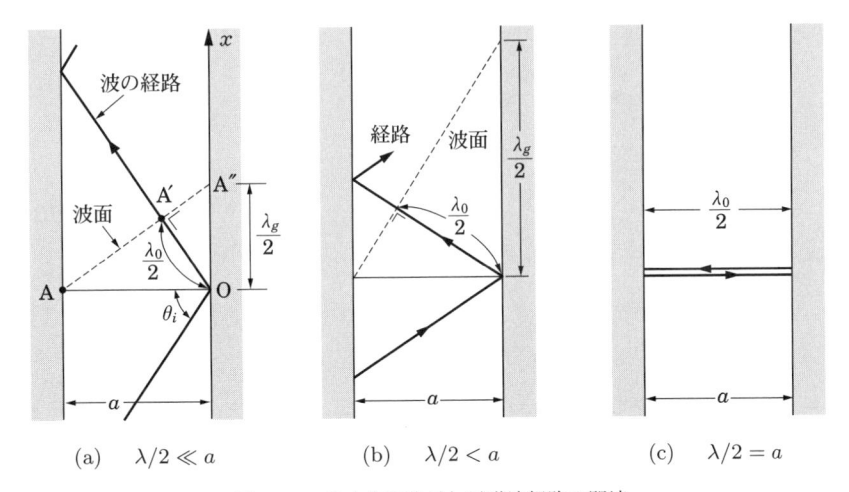

図 10.5 自由空間波長と電磁波経路の関連

(a) $\lambda/2 \ll a$ (b) $\lambda/2 < a$ (c) $\lambda/2 = a$

参考 ◇ **群速度**

$u_p = \omega/\beta$ で定義される速度を位相速度ということはすでに述べたとおりですが，$u_{gr} = d\omega/d\beta$ で定義される速度 u_{gr} を**群速度**といいます．

群速度は信号ないしはエネルギーの伝達速度として知られています．左ページに述べた u_e も群速度にほかなりません．位相速度と群速度との間には $u_p u_{gr} = c^2$ の関係があります．

10.4 導波管のモード

　導波管内は，境界条件を満足すれば，いくつもの周波数の波が伝搬できます．管内の電磁界分布を**モード**といい，その中で最も長い遮断波長を持つモードを**基本モード**といいます．

　図 10.6 に，**TE** モードにおいて境界条件を満足する各種電界分布を示します．基本モードは，矩形の長い辺に定在波の山が 1 つ立ち ($m=1$)，短い辺は一定 ($n=0$) の電界分布になっています．これを TE_{10} モードといいます．前節に述べた電磁界はこの基本モードにほかなりません．

　長い辺に m 個，短い辺に n 個の山が立った分布を TE_{mn} モードといいます．mn モードの遮断波長，遮断周波数は次のように表されます．

$$\lambda_{cmn} = \frac{2}{\sqrt{\left(\frac{m}{a}\right)^2 + \left(\frac{n}{b}\right)^2}} \qquad (10.11)$$

$$f_{cmn} = \frac{1}{2\sqrt{\varepsilon\mu}}\sqrt{\left(\frac{m}{a}\right)^2 + \left(\frac{n}{b}\right)^2} \qquad (10.12)$$

　TE モードの代表的な電磁界分布を図 10.7 に示します．TE_{10} の電気力線は，長い辺の中央の密度が高くなっており，山が 1 つあることを示しています．TE_{20} では長い辺の方向に山が 2 つあり，TE_{11} では両辺に 1 つずつ山ができています．
◇ m, n が両方とも 0 になると TEM 波になり，導波管内を軸方向には通過し得ません．したがって，少なくともどちらか一方は整数になります．

　導波管内には **TM** モードも存在します．図 10.3 の平行平板間を伝搬する TM 波の上下に導体を入れて導波管にした状態を考えてみましょう．TE モードのときと違って，進行方向に電界が存在しますから，残念ながらこのままでは境界条件を満足せず，電磁界分布が変わってしまいます．したがって，TM_{10} モードは存在しません．

　TM モードの基本モードは TM_{11} になります．TM_{mn} モードの遮断波長，遮断周波数も式 (10.11), (10.12) で求めることができます．TM モードの代表的な電磁界分布を図 10.8 に示します．

10 導波管

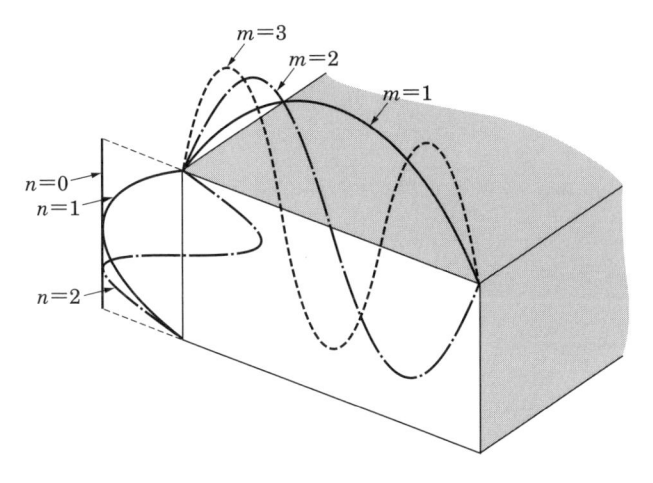

図 10.6 TE$_{mn}$ モード

→ 電界   ----→ 磁界

(a) TE$_{10}$ (b) TE$_{20}$ (c) TE$_{11}$

図 10.7 主要 TE モードの $y-z$ 面内電磁界

(a) TM$_{11}$ (b) TM$_{21}$ (c) TM$_{22}$

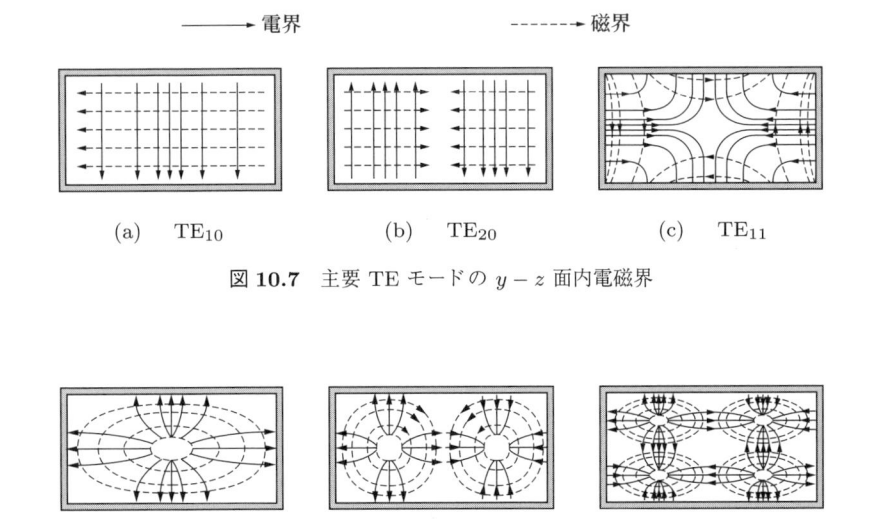

図 10.8 主要 TM モードの $y-z$ 面内電磁界

章末問題 10

1. 間隔 a の完全導体平行平板があります.波長 a の TE または TM 波がこの間を伝搬するとき,波の経路を図で示しなさい.

2. 幅 28.5〔mm〕,高さ 15〔mm〕の矩形導波管があります.この中を周波数 10〔GHz〕の TE_{10} 波が伝搬するとき,次の値を求めなさい.
   (1) 遮断周波数　(2) 管内波長　(3) 位相速度　(4) 群速度

3. $a = 40$〔mm〕,$b = 20$〔mm〕の矩形導波管 WRJ-6 が基本モードだけを伝送する場合の周波数範囲を求めなさい.

4. $a = 58.1$〔mm〕,$b = 29.1$〔mm〕の矩形導波管 WRJ-4 に 2.0〔GHz〕の信号を伝搬させました.TE_{10},TE_{11},TE_{20} はこの導波管を通過し得ますか.

5. 平行平板を側壁として TE 波が伝搬するときは,上下に平行板を加えて矩形導波管にしても電磁界の様子は変わらないが,TM 波の場合は変わってしまいます.この理由を述べなさい.

†ヒント†

1. θ_i を求め,上から見た図を描いてください.

2. (1) 式 (10.8)
   (2) 式 (10.7)
   (3) 式 (10.10)
   (4) 式 (10.9) または $u_p u_{gr} = c^2$

3. $\lambda_{c10} = 80$〔mm〕,$\lambda_{c20} = \lambda_{c01} = 40$〔mm〕

4. $\lambda_0 > \lambda_{cmn}$ となるのは?

5. 本文参照.

11 光ファイバ

　電波応用において用いられる周波数は順次高い領域が開発され，通信においてもその他の応用においても，ミリ波帯までが利用されるようになりました．しかし本質的に金属の導電性を利用するので，表皮効果の影響を避けることができず，これ以上高めることは困難です．一方，レーザ発振器，低損失ガラスの開発により，赤外線領域における光ファイバ通信が広く用いられるようになり，今や各家庭まで光ファイバ網が張り巡らされようとしています．本章ではこの光ファイバについて基本的な事項を述べます．

(1)　単一誘電体ロッド
(2)　光ファイバの種類
(3)　光ファイバの導波モード
(4)　光ファイバにおける信号劣化

　(1) では，全反射がどのような条件で起きるかを述べ，単一誘電体ロッドにおける光線軌跡を説明します．しかし，光の波長は短いので多くのモードが伝搬し，その速度が異なるので，分散が起きます．(2) では，これをできるだけ少なくするように工夫された光ファイバの基本的な種類・構造および振る舞いを示します．(3) では，ファイバ中を伝搬し得るモードを電磁波の観点から説明し，HE_{11} というモードが基本モードとなることを述べます．(4) で，ファイバの持つ損失と分散の要因を簡単にまとめます．

11.1 単一誘電体ロッド

7.4 節の斜め入射において, 誘電率が大きい媒質 (ε_1) から小さい媒質 (ε_2) へ入射する場合を考えてみます. $\theta_p > \theta_i$ ですから, θ_i が増加して $\sin\theta_i = n = \sqrt{\varepsilon_2/\varepsilon_1}$ となると, θ_p が $\pi/2$ になります. さらに θ_i が増加すると, 式 (7.14) の Γ_1 は

$$\Gamma_1 = \frac{\cos\theta_i - j\sqrt{\sin^2\theta_i - n^2}}{\cos\theta_i + j\sqrt{\sin^2\theta_i - n^2}} = 1 \tag{11.1}$$

となり, 絶対値が 1 となります. $|\Gamma_2|$ についても同様です. これから, $\sin\theta_i > n$ の角度で入射した波は完全に反射されます. このような反射を**全反射**といい,

$$\theta_c = \sin^{-1} n \tag{11.2}$$

で規定される角度を全反射の**臨界角**といいます. たとえば水中の光源を空中から見ると, 図 11.1 の臨界角範囲内が明るく見えます.

図 11.2 に示すような比誘電率 ε_r の円筒形**誘電体ロッド**があり, 左側の端面から光が斜め入射したとします. 入射角を θ_i, 透過角を θ_p とすると, ロッドの側面における入射角 $\theta_1 = \pi/2 - \theta_p$ ですから, 全反射するためには

$$\sin(\pi/2 - \theta_p) = \cos\theta_p \geq \sin\theta_c = \frac{1}{\sqrt{\varepsilon_r}}$$

$$\sqrt{1 - \frac{1}{\varepsilon_r}\sin^2\theta_i} \geq \frac{1}{\sqrt{\varepsilon_r}}$$

$$\sin\theta_i \leq \sqrt{\varepsilon_r - 1} \tag{11.3}$$

式 (11.3) を満足する入射光はロッド側面で全反射を繰り返しながら伝搬します.

では, ε_r の大きい誘電体でロッドを作れば光ファイバとして十分なのでしょうか? 光の位相をも考慮すると, 上記の条件のうち, さらにある特定の一連の不連続な角度で入・反射する光のみが有効に伝わることが導かれます. これらの波は導波管のときと同様, 特定の電磁界パタン, すなわちモードを作って, 異なる経路を光速度で進行するので, 軸方向の群速度はモードごとに異なってきます. これを**モード分散**といいます. ε_r が大きいほど分散が大きくなり, 短いパルスで変調した光を入れても, 出口では幅の広いパルスになってしまいます.

11 光ファイバ

参考 ◇ $|\varGamma_1|$ ─────────────────────────

$\cos\theta_i = A$, $\sqrt{\sin^2\theta_i - n^2} = B$ とおくと式 (11.1) は $(A - jB)/(A + jB)$ となります。分母分子は共役複素数ですから大きさは等しく、したがって $|\varGamma_1|$ は 1 になります。

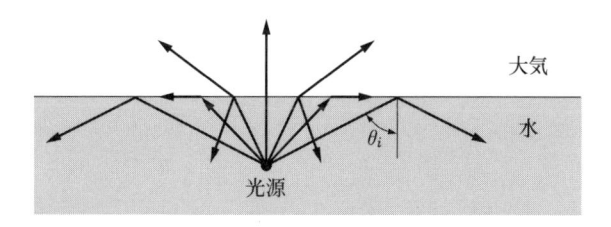

水の比誘電率を ε_r とすると、$\theta_i < \sin^{-1}\sqrt{1/\varepsilon_r}$ であれば、光の一部分は水中に反射、残りは空中に透過し、空中から見れば、この範囲に円形の照射面が見えます。$\theta_i > \sin^{-1}\sqrt{1/\varepsilon_r}$ になると全反射して見えません。

図 **11.1** 水中の光源からの光の経路

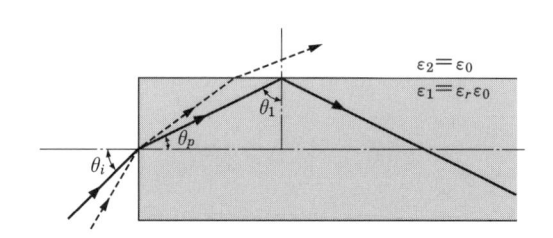

図 **11.2** 誘電体ロッド内の光伝搬

§ **例題 11.1** § 端面への入射角如何にかかわらず、光が全反射してロッド内を進むためにはロッドの誘電率はいくらでなければなりませんか？

† 解答 †

式 (11.3) から次式を得ます。この右辺は $\theta_i = \pi/2$ で最大値 2 となります。

$$\varepsilon_r \geq 1 + \sin^2\theta_i$$

すなわち、$\varepsilon_r \geq 2$ であれば、端面へのあらゆる入射角に対して光はロッド内を伝搬します。

11.2 光ファイバの種類

光ファイバの直径は 100〔μm〕程度で，中心部に低損失ガラスの**コア**を置き，それを取り巻いてやや屈折率の低い**クラッド**を配置して，全反射する光のモードを制限しています．実用されている光ファイバを図 11.3 にまとめています．

ステップ（インデックス）形光ファイバはコアの屈折率が一様なもので，最も基本的なファイバ構造です．コアとクラッドの屈折率を n_1, n_2 とし，全反射の条件 $\sin(\pi/2 - \theta_p) > n_2/n_1$ に $\sin\theta_p = (1/n_1)\sin\theta_i$ を代入すると，

$$\sin\theta_i < \sqrt{n_1^2 - n_2^2} = \sin\theta_{imax} = NA \tag{11.4}$$

θ_{imax} を光ファイバの**最大受光角**，NA を**開口数**と呼びます．

またコアとクラッドの屈折率の違いは $\Delta = (n_1 - n_2)/n_1$ で定義される**比屈折率差**で表すのが一般的です．比屈折率差を用いて開口数を表すと

$$NA = \sqrt{(n_1 + n_2)(n_1 - n_2)} \cong \sqrt{2n_1}\sqrt{n_1 - n_2} = n_1\sqrt{2\Delta} \tag{11.5}$$

ファイバ内を最も速く伝搬するのは $\theta_i = 0$，最も遅いのは $\theta_i = \theta_{imax}$ で入射する光ですが，これらが単位距離を伝搬する時間差 τ は，

$$\tau = \left(\frac{1}{\sin\theta_c} - 1\right)\frac{n_1}{c} \cong \Delta\frac{n_1}{c} \tag{11.6}$$

したがって，分散を小さくするには Δ を小さくする必要があります．

グレーデッド（インデックス）形光ファイバはコアの屈折率が半径方向に減少するようにしたもので，光線は図 11.3 に示すように正弦波状に進行します．

正弦波光線は軸上を進む光線やステップ形ファイバ中の光線に比べて長い距離を進むので，よりモード分散を生じるようにみえます．しかし正弦波光線は屈折率の低いコア周辺部を通る部分が長く，この部分では軸上光線よりも高速度で進行しますから，モード分散はステップ形よりも小さくなります．しかし，グレーデッド形も（ステップ形はもちろん）まだ多モードです．

単一モード光ファイバは，次節に述べるように，コアの直径をずっと細くして単一モードだけを通し，分散を小さくしようとするものです．最近は通信の高速化に伴い，多く用いられるようになってきました．

11 光ファイバ

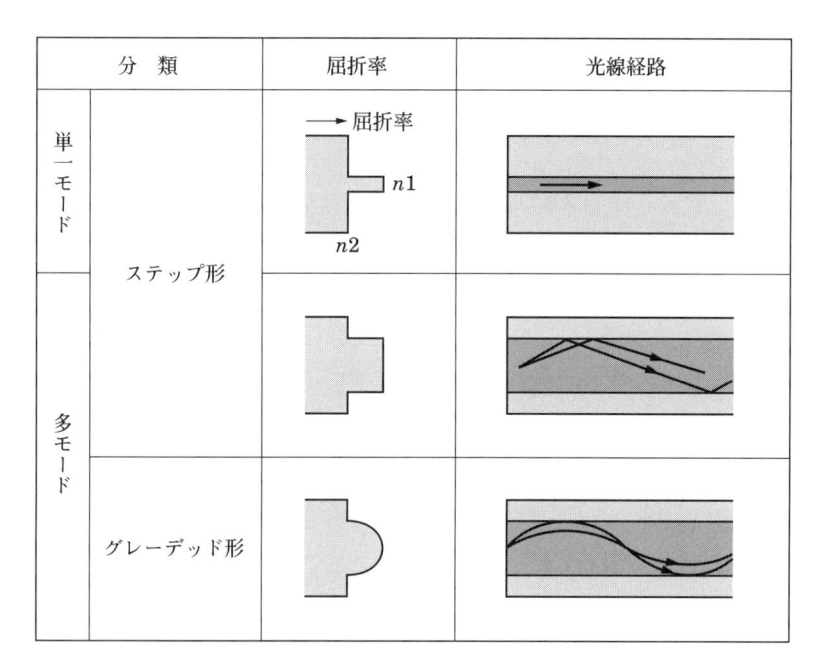

分類		屈折率	光線経路
単一モード	ステップ形	$n1$, $n2$	
多モード	ステップ形		
	グレーデッド形		

図 11.3 光ファイバの分類, 屈折率プロファイルおよび光線経路

§ 例題 11.2 §　コア直径 $D = 50\,[\mu\mathrm{m}]$, $n_1 = 1.48$, $n_2 = 1.46$ で長さ $l = 1,000$ [m] のステップ形光ファイバがあります. 次の値を求めなさい.

(1) 臨界角 θ_c, 開口数 NA, 最大受光角 θ_{imax}
(2) 最長光経路 L, 単位距離伝搬時間差 τ

† 解答 †

(1) $\theta_c = \sin^{-1}(1.46/1.48) \cong 80.6\,[\mathrm{deg}]$
$NA = \sqrt{1.48^2 - 1.46^2} \cong 0.242$
$\theta_{imax} = \sin^{-1} NA \cong 14\,[\mathrm{deg}]$

(2) $L = D\sec\theta_c \times \{1000/(D\tan\theta_c)\} \cong 1,013\,[\mathrm{m}]$
$\tau = (1.48 - 1.46)/(3\times 10^8) \cong 0.067\,[\mathrm{ns}]$

11.3　光ファイバの導波モード

　光線による光ファイバの伝送特性の説明はわかりやすいが，必ずしも厳密なものではありません．厳密な解析には電磁波としての取扱いが必要になります．
　ステップ形光ファイバについて概略を説明します．ファイバの場合導波管と違うのは，コアだけでなくクラッドにも電磁界が存在することです．コア内の解は第1種ベッセル関数，クラッド内の解は第2種変形ベッセル関数により表されます．導波管で出てきた mn モードは光ファイバでも存在し，m は円周 (ϕ) 方向に，n は半径 (r) 方向にいくつ山がのるかを表します．
　式は煩雑になるので示しませんが，結果は次のようにまとめることができます．
(1) $m=0$ のとき，電磁界は H_z, H_r, E_ϕ からなる TE モードか，E_z, E_r, H_ϕ からなる TM モードのいずれかになります．ここに z は光ファイバの方向で，本書では述べませんでしたが，円形導波管と同じモードになります．
(2) $m \geq 1$ のとき，TE, TM の混成による**ハイブリッドモード**となります．ハイブリッドモードには **EH** モードと **HE** モードと呼ばれるモードがあります．
(3) HE_{11} モードは遮断周波数が 0 となり，光ファイバにおける基本モードとなります．HE_{11} モードのコア内における電磁界分布を図 11.4 に示します．
(4) その他の代表的なモードのコア断面内電磁界分布を図 11.5 に示します．
　ところでモード分散が起きるのは，いくつものモードが存在するからであって，1つだけのモードを伝搬させることができれば，分散を軽減することができます．HE_{11} の次の高次モードは $HE_{21}, TE_{01}, TM_{01}$ となります．HE_{11} のみが伝搬し，高次モードがすべて遮断状態になる条件は次式で与えられます．

$$2.4048 > V = \beta_0 a \sqrt{n_1^2 - n_2^2} = \beta_0 a NA \cong \frac{2\pi a}{\lambda} n_1 \sqrt{2\Delta} \quad (11.7)$$

V を V 値 または規格化周波数と呼びます．
　グレーデッド形光ファイバのように，誘電体が空間的に連続に変化するような不均一な媒質中においては，E_z, H_z を解くことは非常に難しくなりますので，本書では省略します．

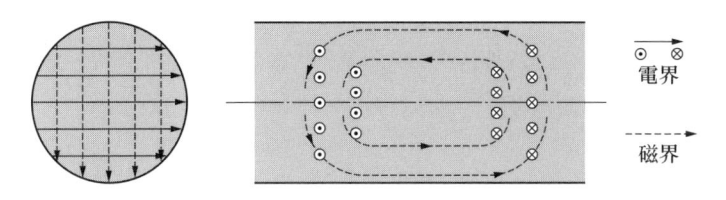

図 11.4 ステップ形光ファイバにおける HE_{11} モード

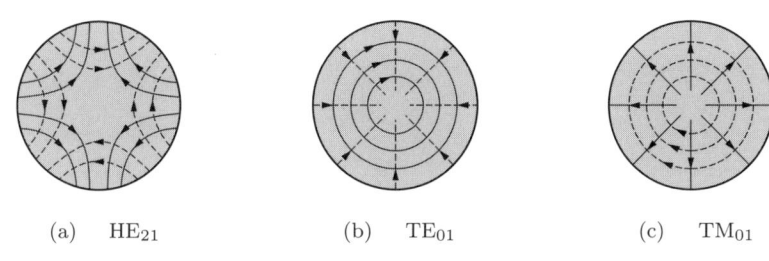

(a) HE_{21} (b) TE_{01} (c) TM_{01}

図 11.5 ステップ形光ファイバにおけるその他の代表的モード

参考 ◇ **EH と HE モード** _____

　コア内とクラッド内の電磁界を求め境界条件を適用し，分散関係式という関係式を得ます．これにコアとクラッドの屈折率差が小さいという条件を入れると，分散関係式の正負により EH モードと HE モードが得られます．

　導波管では，電界は TE のように外壁に沿って 0 になるか，TM のように外壁から垂直に出るかのいずれかになり，HE のようなモードは存在しません．

参考 ◇ **単一モード光ファイバの寸法例** _____

　例えば波長 1 〔μm〕, $n_1 = 1.5$, 比屈折率差 $\Delta = 0.1$ 〔%〕とすると，式 (11.7) から半径 $a < 5.7$ 〔μm〕となります．これはかなり細いが実現可能で，現に $a = 5$ 〔μm〕程度以下の単一モードファイバが実用されています．もし $n = 1.5$ の単一誘電体ロッドであると，$a < 0.3$ 〔μm〕となり，これでは実現不可能になります．

11.4 光ファイバにおける信号劣化

光ファイバの材料には石英ガラスが多用されます．このファイバにおける信号劣化の主要原因である損失特性と分散特性について簡単に述べます．

損失特性

損失の中には**吸収損失**と**散乱損失**があります．さらに，吸収損失には**紫外線吸収**と**赤外線吸収**があります．紫外線吸収は散乱損失より小さいので問題になりませんが，赤外線吸収は，波長 9〔μm〕にある吸収スペクトルのすそが長波長限界を決定します．また，ガラス材料中の不純物も吸収損失の原因となりますが，順次解決され，唯一残った OH 基の分子振動による吸収も実用上問題ない程度になっています．

散乱損失で問題になるのは，ファイバ製造時に，密度の不均一が屈折率の不均一を生じ，**レイリー散乱**を引き起こすことです．この損失は波長の 4 乗に反比例しており，紫外線よりの波長域に大きな損失を与えます．

図 11.6 に損失特性の概略図を示します．損失が最低になる波長は，レイリー散乱と赤外線吸収の谷間にあり，1.5 ～ 1.6〔μm〕です．低損失ファイバの開発はめざましく，現在ではほぼ理論限界に近い 0.2〔dB/km〕になっています．

このほかに，ケーブルを小さな曲率半径で曲げて使うとき生じる損失，光源や受光器との接続，光ケーブル相互間の接続などで生じる損失がありますから，使用時は注意を要します．

分散特性

光ファイバにおける伝送ひずみは分散特性と関連します．分散には，前節でも述べた**モード分散**と，光スペクトルの各周波数毎の群速度の違いによる**波長分散**があります．モード間の**群遅延**（群速度の逆数で定義される）差を求めると，光学的に求めた式 (11.6) と一致することが示されます．波長分散には材料分散と導波路分散がありますが，いずれもモード分散に比べて小さくなります．

このことから，広帯域伝送を行うには，モード分散のない単一モード光ファイバが圧倒的に有利になります．

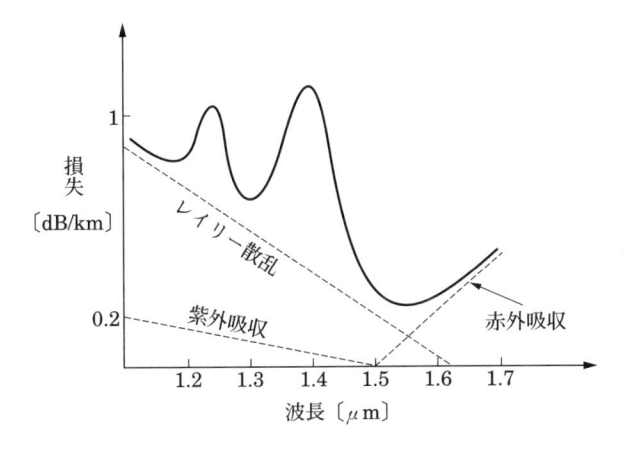

図 11.6 光ファイバの損失特性

§例題 11.3§ 5〔mW〕の光出力を，損失が 0.2〔dB/km〕，長さ 40〔km〕の光ケーブルに加えました．光源とファイバ間，ファイバと受光器間の結合損失がそれぞれ 3〔dB〕であるとき，受光器出力はいくらになりますか？

†解答†

5〔mW〕≅ 7〔dBm〕．損失は $0.2 \times 40 + 3 + 3 = 14$〔dB〕．

したがって出力は $7 - 14 = -7$〔dBm〕≅ 0.2〔mW〕．

または，次のように解くこともできます．

損失 14〔dB〕≅ 1/25.1．出力は $5/25.1 \cong 0.2$〔mW〕$= -7$〔dBm〕．

◇ ファイバの損失が小さい（結合損失と同オーダ）ことに注意．

参考 ◇ 吸収損失の変遷 ──────────────

光ファイバは 1920 年代にコーニング社が特許を取得しましたが，吸収損失が大きく，長い間実用化が計られませんでした．1960 年代に低損失光ファイバの要求が高まり，1970 年にコーニング社が 20〔dB/km〕の試作に成功すると，世界的な開発競争が開始されました．それ以後の発展は目覚しく，あっという間に数〔dB/km〕に下がり，1979 年には NTT により 1.55〔μm〕で 0.2〔dB/km〕が達成されました．

章末問題 11

1 $\varepsilon_r = 2$, $\mu_r = 1$. $\sigma = 0$ の媒質から大気中へ，平面電磁波が斜め入射しています．入射角 θ_i に対する $|\Gamma_1|$, $|\Gamma_2|$ の値をグラフに表しなさい．

2 例題 11.2 におけるファイバの信号帯域幅を求めなさい．使用波長を 1.55 〔μm〕とするとき，信号帯域幅対搬送波周波数比はいくらになりますか？．

3 例題 11.2 において使用波長を 1.55 〔μm〕とするとき，V 値はいくらになりますか？ また，コア直径が 10 〔μm〕だとどうなりますか？

4 波長 1.3 〔μm〕で $NA = 0.30$, $V = 100$, $n_1 = 1.480$ の光ファイバのコア半径およびクラッドの屈折率 n_2 を求めなさい．

5 ステップ形光ファイバ内を伝搬するモード数を少なくするには，どんな方法が考えられますか？

6 光ファイバの損失特性について述べなさい．

† ヒント †

1 臨界角以上の入射角では $|\Gamma_1| = |\Gamma_1|$．それ以下の入射角では，空中から誘電体への斜め入射と同様の特性を持ちます．

2 単位長あたりの信号帯域幅は $BW = 1/\tau$ と考えることができます．ファイバが長くなるほど遅延が増えますから，帯域幅は狭くなります．

◇ 信号帯域幅/搬送波周波数は無線通信と比べて非常に小さい値になります．これはモード分散により帯域幅が制限されるためです．

3 例題 11.2 の値はコア径に関係がありませんが，V 値は半径に比例します．

4 式 (11.4) から n_2 を，式 (11.7) から a を求めることができます．

5 式 (11.7) の $V = \{(2\pi a)/\lambda\} n_1 \sqrt{2\Delta}$ を小さくすれば良いわけですから $\cdots$

6 本文参照．

12 共振器

集中定数による共振回路として L, C の並列,直列共振を利用することは周知のとおりです.しかしこれが有効なのはせいぜい VHF 帯までで,それ以上の周波数になると,回路素子または導線からの電磁界放射による他回路への影響や,放射や表皮効果による損失が起きます.一方,先端を短絡した $\lambda/4$ や $\lambda/2$ 線路も,それらの特性から共振回路として用いられることも理解できます.これから,導波管を用いた共振器も可能であることも容易に推測できます.本章ではこれらについて順次解説します.

(1) 集中定数共振回路
(2) 線路共振器
(3) 空洞共振器
(4) 共振器の Q

まず,集中定数回路の並列,直列共振の共振周波数および周波数特性を復習します.次いで,線路共振器の特性を求め,集中定数共振回路との比較を行い,共振点近傍の特性は類似しているが,これを外れると異なってくることを示します.次いで,矩形導波管を例にとって,$\lambda_g/2$ 間隔で短絡すると空洞共振器となることを説明します.空洞共振器の基本モードと mnp モード,それらに対応する共振周波数・波長がどうなるかを示します.最後に共振器の性能を表す Q ファクタの定義および意味について述べます.

12.1 集中定数共振回路

直列共振回路

図 12.1(a) のような集中定数 L, C による直列回路のインピーダンス Z_s, アドミタンス Y_s, インピーダンスが 0 (アドミタンスが無限大)になる共振周波数 f_{0s} は次のようになります.

$$Z_s = j\left(\omega L - \frac{1}{\omega C}\right) \tag{12.1}$$

$$Y_s = \frac{1}{Z_s} = \frac{j\omega C}{1 - \omega^2 LC} \tag{12.2}$$

$$f_{0s} = f_0 = \frac{1}{2\pi\sqrt{LC}} \tag{12.3}$$

周波数を横軸にとって Z_s, Y_s を表すと図 12.2(a), (b) のようになります.

直列共振回路は,共振周波数でインピーダンスが小さくなるのを利用してフィルタに用いられます.

並列共振回路

図 12.1(b) のような集中定数 L, C による並列回路のアドミタンス Y_p, インピーダンス Z_p, インピーダンスが無限大 (アドミタンスが 0) になる共振周波数 f_{0p} は次のようになります.

$$Y_p = j\left(\omega C - \frac{1}{\omega L}\right) \tag{12.4}$$

$$Z_p = \frac{1}{Y_p} = \frac{j\omega L}{1 - \omega^2 LC} \tag{12.5}$$

$$f_{0p} = f_0 = \frac{1}{2\pi\sqrt{LC}} \tag{12.6}$$

式 (12.1), (12.2) と式 (12.4), (12.5) を比べると,直列共振回路の Z_s (Y_s) と並列共振回路の Y_p (Z_p) は同じ形をしていることがわかります.周波数を横軸にとったときの Y_p, Z_p を図 12.2(a), (b) に併記します.また,直列共振回路,並列共振回路の共振周波数は等しくなります.

並列共振回路は,共振周波数でインピーダンスが大きくなるので中間周波増幅器やバンドパスフィルタに用いられます.

12 共振器

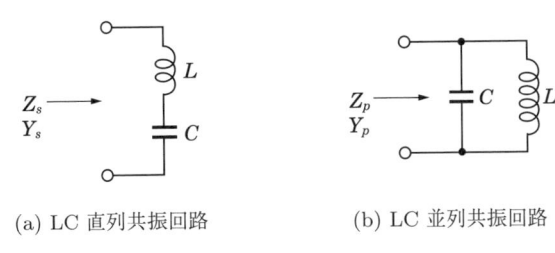

(a) LC 直列共振回路

(b) LC 並列共振回路

図 **12.1** 集中定数並列共振回路

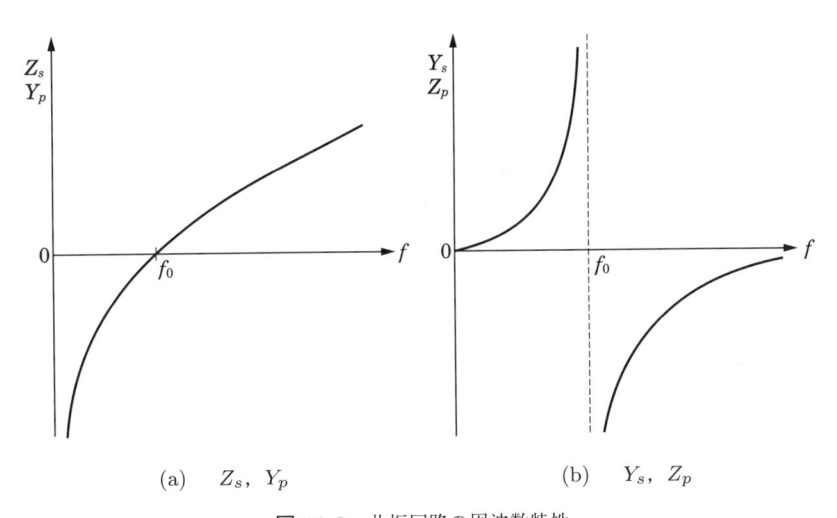

(a) Z_s, Y_p

(b) Y_s, Z_p

図 **12.2** 共振回路の周波数特性

§ 例題 **12.1**§ $C = 10$ 〔pF〕のコンデンサを用いて共振周波数 100 〔MHz〕の並列共振回路を作るには，インダクタンスの値をいくらにすれば良いですか？

† 解答 †

$f = 1/(2\pi\sqrt{LC})$ より，$L = 1/(4\pi^2 f^2 C)$.

$$L = \frac{1}{4\pi^2 \times 10^{16} \times 10 \times 10^{-12}} \cong 0.25 \ 〔\mu H〕$$

12.2 線路共振器

先端短絡線路

先端が短絡された長さ r の TEM 線路の入力アドミタンスは，式 (8.16) の入力インピーダンスから，式 (12.7) のように表されます．

$$Y_{short} = -jY_c \cot\beta r \tag{12.7}$$

ここに $Y_c = 1/Z_c$ です．Y_{short} の周波数特性を図 12.3(a) に示します．この値は繰り返し 0 または ∞ になり，共振周波数は式 (12.8) のようになります．

$$f_{ys0n} = \frac{2n-1}{4}\frac{c}{r}, \quad f_{ys\infty n} = \frac{n}{2}\frac{c}{r} \tag{12.8}$$

$Y_{short} = 0$ における電圧振幅を示すと図 12.4(a) のようになります．集中定数並列共振回路の f_0 を先端短絡共振器の f_{ys01} と一致させると，図 12.3 (a) の点線のようになります．共振点近傍における両者の値はよく一致しますが，これを外れると誤差がでます．特に，$f > f_{ys01}$ になると全く特性が異なってきます．

先端短絡線路のインピーダンスおよびそれが 0 または ∞ になる周波数は式 (12.9) で表され，周波数特性は図 12.3(b) のようになります．

$$Z_{short} = jZ_c \tan\beta r, \quad f_{zs0n} = \frac{n}{2}\frac{c}{r}, \quad f_{zs\infty n} = \frac{2n-1}{4}\frac{c}{r} \tag{12.9}$$

f_0 を $f_{zs\infty 1}$ と一致させた場合の並列共振回路周波数特性は，図 12.3 (b) における点線のようになります．これらのことから，線路共振器の等価回路を表すには無数の並列共振回路と直列共振回路が必要なことが分かります．

先端開放線路

すでにお気付きのように，先端開放線路のインピーダンス Z_{open}（アドミタンス Y_{open}）特性は先端短絡線路のアドミタンス Y_{short}（インピーダンス Z_{short}）特性と同様な変化をします．したがって，図 12.3(a) は Y_{short} であると同時に Z_{open} 特性を表しますし，(b) は Z_{short} であると同時に Y_{open} 特性を示しています．

先端開放線路の $Z_{open} = 0$ における電圧振幅は図 12.4(b) のようになります．

12 共振器

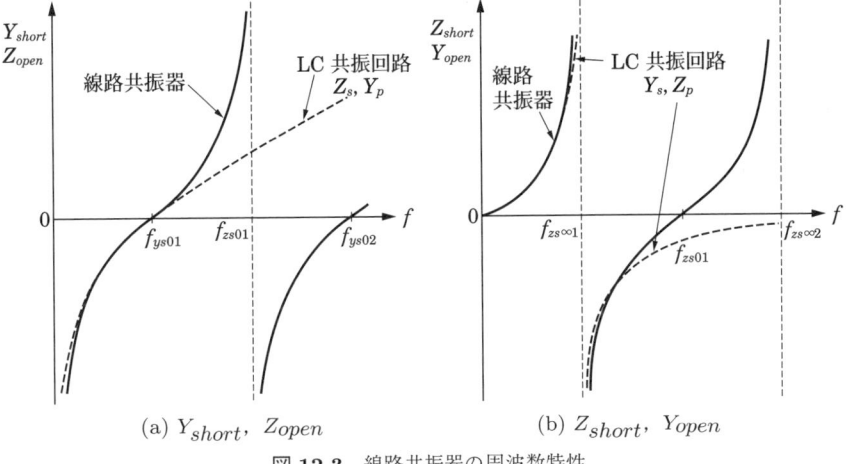

(a) Y_{short}, Z_{open} 　　**(b)** Z_{short}, Y_{open}

図 12.3　線路共振器の周波数特性

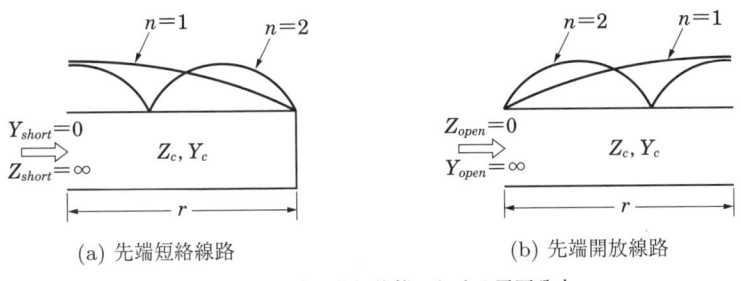

(a) 先端短絡線路　　**(b)** 先端開放線路

図 12.4　線路の共振状態における電圧分布

§ **例題 12.2** §　先端短絡共振器で 1.50 〔GHz〕において入力インピーダンスが無限大および 0 になる最短の長さはいくらになりますか？

† **解答** †

$f_{zs\infty n} = (2n-1)/4 \cdot (c/r)$ において，$f_{zs\infty 1} = 1.5 \times 10^9$, $n=1$ とおけば，$r=5.00$〔cm〕．f_{zs0n} 式において $n=1$ とおけば，$r=10.00$〔cm〕．

参考 ◇　同軸形線路共振器

> 線路形共振器は，平行 2 線では漏れがありますから，シールドされた同軸共振器が用いられます．同様に，先端開放線路は端部からの漏れがありますから先端短絡線路が使われます．

12.3　空洞共振器

周りを金属で囲まれた共振器を**空洞共振器**といい，図 12.5(a) の**直方体空洞共振器**や (b) の**円筒空洞共振器**がありますが，ここでは前者について述べます．

TEM 線路の一端を短絡すると定在波が立つように，導波管の一端を導体で蓋をすると定在波が立ちます．矩形導波管を例にとって，座標系を図 12.5(a) のようにとったとします．導波管内に TE$_{mn}$ 波が伝搬しているとき，$z = \lambda_g/2$ の面に蓋をすると定在波の模様は図 12.6 のようになります．

$z = 0$ にも蓋をすると空洞共振器ができます．$z = 0$ では電界は 0 ですから，蓋をしても電磁界の模様は変わらず，この中には特定の波長の電磁界が存在します．図 12.6 には z 方向に山が 1 つおよび 2 つ乗った場合を示していますが，p を任意の正の整数とすると，山が p 個乗った場合もすべて共振します．導波管内には，すでに mn モードが存在していますから，この共振器には mnp モードがあるということが分かります．図 12.7 にこの模様を示します．

最も共振周波数の低いモードをその共振器の**基本モード**といいます．図 12.6 から明らかなように，p は 0 にはなり得ません．したがって，m, n, p のうち 0 を取り得るのは，TE モードではたかだか 1 つ，TM モードでは 1 つもありません．よって，TE$_{110, 101, 011}$ のいずれかが基本モードになりますが，長さが最も短い辺に対応するモードが 0 になります．例えば，$a > b, l > b$ とすると，基本モードは TE$_{101}$ となります．

空洞共振器の mnp モードの共振周波数は次式で表されます．

$$f_{mnp} = \frac{1}{2\sqrt{\varepsilon\mu}}\sqrt{\left(\frac{m}{a}\right)^2 + \left(\frac{n}{b}\right)^2 + \left(\frac{p}{l}\right)^2} \tag{12.10}$$

共振周波数に等しい周波数の平面波が導波管内の媒質と等しい媒質で満たされた自由空間を伝搬する時の波長 λ_{mnp} を**共振波長**と呼び，次のようになります．

$$\lambda_{mnp} = \frac{2}{\sqrt{\left(\frac{m}{a}\right)^2 + \left(\frac{n}{b}\right)^2 + \left(\frac{p}{l}\right)^2}} \tag{12.11}$$

$p = 0$ の場合の f_{mnp}, λ_{mnp} は対応する導波管の f_c, λ_c になります．

12 共振器

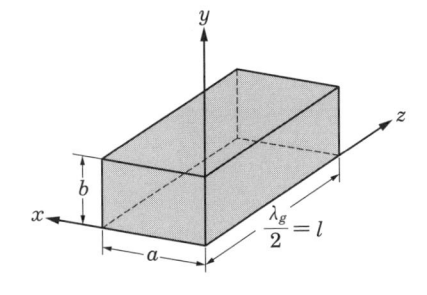

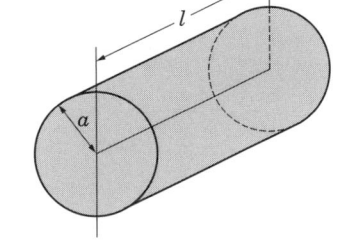

(a) 直方体空洞共振器　　(b) 円筒空洞共振器

図 **12.5**　空洞共振器

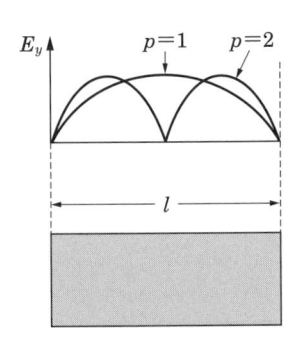

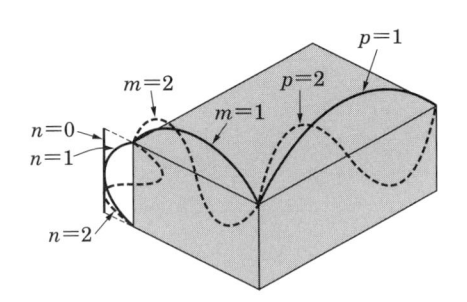

図 **12.6**　z 方向の定在波　　図 **12.7**　mnp モード

§ **例題 12.3** §　$a = 4.0$ 〔cm〕, $b = 3.0$ 〔cm〕, $l = 5.0$ 〔cm〕の直方体空洞共振器があります．次の問に答えなさい．

(1) 基本モードを示し，その共振周波数を求めなさい．

(2) 共振波長はどうなりますか？

† 解答 †

(1) 題意の寸法に対し，基本モードは TE_{101} になります．共振周波数は

$$f_{101} = \frac{3 \times 10^8}{2}\sqrt{\frac{1}{(4 \times 10^{-2})^2} + \frac{1}{(5 \times 10^{-2})^2}}$$

$$\cong 4.8 \times 10^9 \text{ 〔Hz〕} = 4.8 \text{ 〔GHz〕}$$

(2) 式 (12.11) より $\lambda_{101} \cong 6.25$ 〔cm〕

12.4 共振器の Q

共振器 (回路) の Q ファクタは共振周波数特性の急峻さを表す数値です．まず，これを集中定数共振回路で説明します．

図 12.1(b) に示した並列共振回路は実際には損失を含んでいるので，図 12.8 (a) のようにインダクタンスに直列に r が接続された形または (b) のように R が並列に加わった形で表されます．電流源 I を後者の回路に接続した時，回路の両端に現れる電圧の大きさは次式で表され，周波数特性は図 12.9 のようになります．

$$|V| = |I| \left| \frac{1}{R} + j\left(\omega C - \frac{1}{\omega L}\right) \right|^{-1} \tag{12.12}$$

共振周波数 f_0 における出力電圧 IR から 3〔dB〕低い電圧に対応する 2 周波数の間隔を $2\Delta f$ としたとき，Q は式 (12.13) で定義されます．また，直列抵抗 r または並列抵抗 R を用いて表すこともできます．

$$Q = \frac{f_0}{2\Delta f} = \frac{\omega_0 L}{r} = \frac{R}{\omega_0 L} \tag{12.13}$$

LC 共振回路の Q は大体 100 のオーダです．

f_0 において L に蓄えられる磁気エネルギーの最大値 $W_L = I_L^2 L$ は，C に蓄えられる電気エネルギーの最大値 $W_C = V^2 C$ に等しく，2 つのエネルギーは交互に交流し，全体のエネルギー $W_T = W_L = W_C$ になっています．また，R 内で 1 秒間に失われるエネルギーは $W_R = I^2 R = V^2/R$ です．したがって Q は次のように表すこともできます．

$$Q = \frac{R}{\omega_0 L} = \omega_0 CR = \omega_0 \frac{V^2 C}{V^2/R} = \omega_0 \frac{W_T}{W_R} \tag{12.14}$$

$$= \omega_0 \times \frac{共振回路の蓄積エネルギー}{1 秒間に共振回路で失われるエネルギー} \tag{12.15}$$

この考え方は空洞共振器にも適用することができます．上記の W_L に対しては磁界エネルギー W_m を，W_C に対しては電界エネルギー W_e を用います．また共振器内で失われるエネルギーはほとんどが空洞の壁を流れる電流による抵抗損です．空洞共振器の Q は非常に高くとることができ，10^4 のオーダに達します．

$$Q = \frac{f_0}{2\Delta f} = \frac{\omega_0 L}{r} = \frac{R}{\omega_0 L}$$

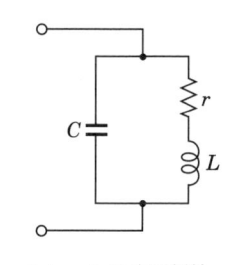

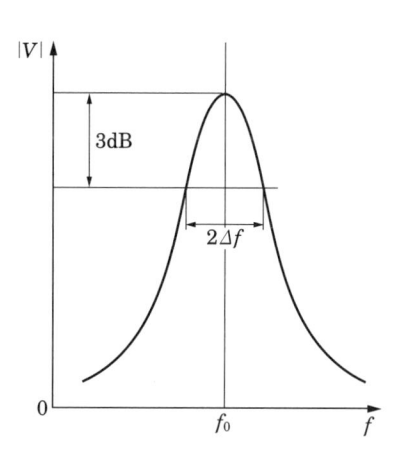

(a) L に直列抵抗 r

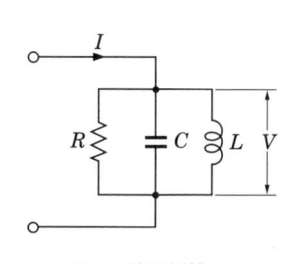

(b) 並列抵抗 R

図 **12.8** 実際の共振回路

図 **12.9** 周波数特性

参考 ◇ 内部 Q, 外部 Q, 負荷 Q

共振器（回路）を利用するには，入力・出力回路を接続しなければなりません．共振器自体の Q を内部 Q，入出力によるものを外部 Q，全体を負荷 Q と呼び，それぞれ Q_{in}, Q_{ex}, Q_l で表すと，次の関係があります．

$$\frac{1}{Q_l} = \frac{1}{Q_{in}} + \frac{1}{Q_{ex}} \tag{12.16}$$

当然のことながら，重い入出力を接続すると，せっかく Q_{in} の高いものを作っても，Q_l は低くなってしまいます．

§ 例題 **12.4** § $Q = 100$ のインダクタンスで $f_0 = 10$〔MHz〕の並列共振器を作ると帯域幅はいくらになりますか？

† 解答 †

$$2\Delta f = (10 \times 10^6)/100 = 100\,〔\mathrm{kHz}〕$$

章末問題 12

1. $L = 3.0 \,[\mu H]$ のインダクタンスを用いて，$30 \,[\text{MHz}]$ の並列共振回路を作るにはキャパシタンスの値をいくらにすれば良いですか？

2. 比誘電率 $\varepsilon_r = 3.0$ の誘電体充填先端短絡同軸線路を用いて，$1.5 \,[\text{GHz}]$ における入力インピーダンスを最大にしたい．最短の線長を求めなさい．

3. $3.0 \,[\text{GHz}]$, $4.0 \,[\text{GHz}]$, $4.5 \,[\text{GHz}]$ に共振周波数を持つ，最も小形な直方体空洞共振器の寸法を求めなさい．

4. 式 (12.13) を証明しなさい．

5. 抵抗が $10 \,[\Omega]$，インダクタンス $200 \,[\mu H]$ のコイルを用いて $1.0 \,[\text{MHz}]$ の並列共振回路を作りました．コンデンサのロスはないものとして次の問に答えなさい．
   (1) Q の値はいくらになりますか？
   (2) 共振インピーダンスはいくらになりますか？
   (3) $1.0 \,[\text{V}]$ の電圧を加えたとき流れる電流はいくらですか？

† ヒント †

1. $f_0 = 1/(2\pi\sqrt{LC})$

2. 空気だと $\lambda_0/4$，誘電体が充填されると波長は $1/\sqrt{\varepsilon_r}$ になる．

3. 110, 101, 011 モードが題意の共振周波数になるように a, b, l を定めれば良い．

4. $Y = 1/R + j(\omega C - 1/\omega L) \cong (1/\omega_0 L)\{\omega_0 L/R + j2(\omega - \omega_0)/\omega_0\}$
   $3\,[\text{dB}]$ 低下周波数においては第 1 項と第 2 項の大きさが等しくなります．L と R の並列接続を L と r の直列接続に変換すれば $Q = \omega_0 L/r$ を導くことができます．

5. 次の関係を用います．
   (1) $Q = \omega_0 L/r$．コイルの抵抗は直列抵抗として取り扱います．
   (2) $|Z_{\text{res}}| = \omega_0 L Q$．リアクタンスの Q 倍になります．
   (3) $I = V/|Z_{\text{res}}|$

13 電波の放射

　これまで，電磁波が一般媒質中を伝搬する様子，線路に沿って伝搬・共振する模様を学んできました．本章では電波が放射されるメカニズムについて述べたいと思います．

　電波の放射というとアンテナを思い浮かべられるかもしれませんが，ご承知のとおりアンテナの形状は千差万別で，どうしてこれが同じ機能を有するのか疑問に思うことも多いと思います．そこでさかのぼって，これらに共通な電波の発生源は何かについて考えてみることにします．ここでは，大別した3つの発生源と，これらの発生源が作る電磁界の求め方について述べます．

(1)　高周波電流が電波発生源
(2)　磁流も発生源
(3)　変位電流も
(4)　発生源の作る電磁界

　まず，高周波電流が電磁波発生の源であることを定性的に述べます．先端開放した平行2線を考え，先端を徐々に開いていくと電磁界が空中に出やすくなり，半波長ダイポールに至ることを説明します．ついで磁流を導入することにより電流源との対比が計られ，これも放射源となり得ること，マクスウェルの方程式を眺めることにより，磁流の正体は電束の変化であることを解説します．さらに，変位電流も発生源となり得ることを述べます．最後に，これらの発生源が作る電磁界をスカラポテンシャルおよびベクトルポテンシャルを介して求める方法を簡単に紹介します．

13.1 高周波電流が電波発生源

まず，図 13.1 のように高周波電源電圧 V に面積 S の平行平板コンデンサ C を接続すると，電線には $j\omega CV$ の導電電流が流れます．コンデンサ内には電気力線の変化があり，$S(\partial \boldsymbol{D}/\partial t)$ の変位電流が流れ，その値が導電電流に等しくなることは容易に証明できます（例題 3.1）．ただし，コンデンサは電気力線が外に漏れない構造になっているため，電界が外に伝わっていくことはありません．

次に，図 13.2 のように，先端を開放した平行 2 線に給電した場合を考えます．線路には定在波電流が乗っており，先端の電界は最大になっています．この場合は若干の漏れ電磁界が空間に出ていきますが，その量は多くはありません．

そこで，図 13.3 のように，平行 2 線の先端をある長さだけ開いてみます．電磁界が外に出て行きやすくなり，電界が外に出れば，（変位）電流の磁気作用により，その周りに磁力線が生じ，さらに，磁力線が変化すれば，その周囲に起電力が生じます．このようにして電磁界は次第に遠方に伝搬していくことになります．

さらに効率的に電磁波を外に出すには先端部分は 2 線に直角になるまで開いたほうが良さそうです．ただし，容量が減って電流が流れにくくなるので，全長を $\lambda/2$ にして共振を利用すると効率が良くなります．こうして図 13.4 に示す半波長ダイポールが生まれました．

このように高周波電流が電波の発生源であることが推定されますが，これを式によって説明してみましょう．マクスウェルの方程式を変形すると，電磁界は次のように表されます．

$$\nabla^2 \boldsymbol{E} + \beta^2 \boldsymbol{E} = j\omega\mu \boldsymbol{J} - \frac{1}{j\omega\varepsilon}\nabla(\nabla \cdot \boldsymbol{J}) \quad (13.1)$$

$$\nabla^2 \boldsymbol{H} + \beta^2 \boldsymbol{H} = -\nabla \times \boldsymbol{J} \quad (13.2)$$

ここに $\beta^2 = \omega^2 \varepsilon\mu$ です．

左辺を 0 と置いた式はヘルムホルツの方程式で，これを解くと電磁波を得ます．右辺は電流密度によって定まる項で，これらの式は電流によって電磁波が発生することを示していると解釈することができます．

13 電波の放射

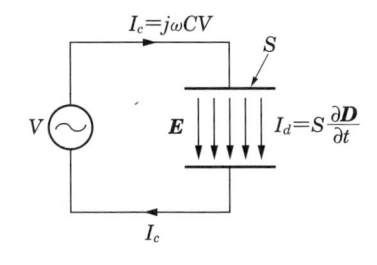

図 13.1　変位電流

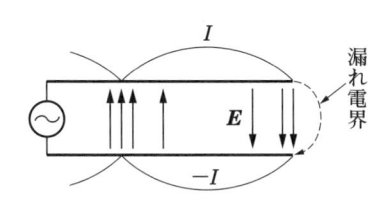

図 13.2　平行 2 線

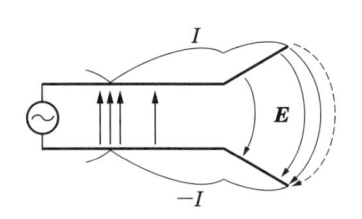

図 13.3　2 線の端を広げる

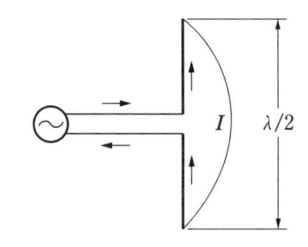

図 13.4　半波長ダイポール

参考 ◇　**放射電磁界**

　コンデンサ中に生じる交流電界や，インダクタンス内に生じる交流磁界は定常的なもので，電磁波ではありません．

　電流波源によってできる電磁界を 13.4 節の方法で計算すると，距離に反比例する項の外に，距離の 2 乗や 3 乗に反比例する項が出てきます．距離に反比例する項は，電界と磁界が互いにからみあって伝搬していき，他の項に較べてはるかに遠方まで到達します．この電磁界を **放射電磁界** といい，アンテナの抵抗に関連します．

　距離の 2 乗に反比例する項はインダクタンスの電磁界に，3 乗に反比例する項はコンデンサの電界に相当します．このような電磁界はアンテナの周りに存在して，アンテナのリアクタンスに関係してきます．

13.2 磁流も発生源

前節では電流源 J によって電磁波が発生することを述べました．これに対応する磁流源があるとすれば，これも発生源になるのではないでしょうか．実際には，独立磁荷はないので磁流は存在しません．しかし，仮想的な量としてこれを考えると，電流に対応していろいろなアンテナの特性の理解および計算が容易になります．以下この概念を紹介します．

図 13.5 において，空間のある閉曲線に沿って，磁界 H を積分したときその値が I になっていれば，その閉曲線の中には $I = \oint_c H \cdot ds$ の電流が流れています．そこで，図 13.6 のように，ある閉曲線に沿って電界 E を積分したときその値が I_m になっていれば，その閉曲線の中には $I_m = -\oint_c E \cdot ds$ だけの物理量が流れていると考えられます．この仮想的な量 I_m を**磁流**と名付け，J に対応する量として J_m を用います．

ここでマクスウェルの方程式を再度眺めてみましょう．

$$\nabla \times E = -j\omega\mu H \tag{13.3}$$

$$\nabla \times H = J + j\omega\varepsilon E \tag{13.4}$$

もし電流 J のかわりに J_m があるとすると，図 13.5, 13.6 から考えて，誘導される電磁界は式 (13.3), (13.4) に対応して次のようになります．

$$\nabla \times E = -J_m - j\omega\mu H \tag{13.5}$$

$$\nabla \times H = j\omega\varepsilon E \tag{13.6}$$

式 (13.5), (13.6) は式 (13.3), (13.4) において，

$$E \longrightarrow H, \quad H \longrightarrow -E, \quad J \longrightarrow J_m$$
$$\varepsilon \longrightarrow \mu, \quad \mu \longrightarrow \varepsilon$$

の変換を行ったものにほかなりません．したがって，ある電流源が作る電磁界がわかっていれば，この電流源を磁流源に置き換えた場合の電磁界は変数を置き換えるだけで求められます．

$$\oint_c \boldsymbol{H} \cdot d\boldsymbol{s} = I \qquad\qquad \oint_c \boldsymbol{E} \cdot d\boldsymbol{s} = -I_m$$

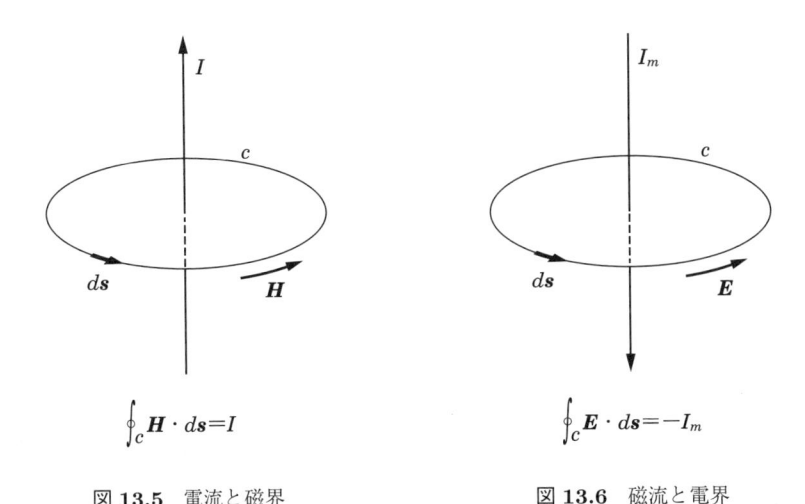

図 **13.5** 電流と磁界　　　　　　図 **13.6** 磁流と電界

参考 ◇　磁流の正体は何？

　前述したとおり，正または負の磁荷は単独では存在しません．したがってその流れである磁流も存在し得ないわけです．それではその正体は何でしょうか？

　電流の場合，導電電流と変位電流は同様な効果を示します．マクスウェルの方程式において，$\boldsymbol{J}$ と $\partial \boldsymbol{D}/\partial t$ は同格で並んでいます．

　磁流の場合，$\boldsymbol{J}_m$ と同様な効果をもたらす項は $\partial \boldsymbol{B}/\partial t$ 以外にないことは明らかです．図 13.6 の磁流を $\partial \boldsymbol{B}/\partial t$ に置き換えると，ファラデーの法則であることがはっきりすると思います．

参考 ◇　磁流アンテナにはどのようなものがあるか？

　一番考えやすいのはループアンテナです．ループに電流が流れるとその中に磁界ができますから，中心を通る磁流の線状アンテナと考えることができます．

　章末問題 13.2 はスロットアンテナと呼ばれ，スロットを取り巻くような磁流が流れると解釈されます．

　また，最近多用されているマイクロストリップアンテナ（別称パッチアンテナ）もパッチの淵に流れる磁流アンテナとして取り扱うことができます．

13.3　変位電流も

マクスウェルの方程式で J が発生源であるならば，これと等価な変位電流も発生源であり得ることになります．古来，電波の振る舞いを説明するのに"波面の各点は 2 次波源となる"という**ホイヘンスの原理**があります．

図 13.7(a) のように平面電磁波が z 軸方向に進んでいるとします．平面電磁波の**波面**（等位相面）は進行方向に垂直ですから，$x-y$ 面に平行な面が等位相面になっています．これは無限大の開口がある場合と考えられ，電波の鋭さを表す**指向性**を強いて描くと z 方向のみの直線となります．

図 13.7(b) のように $x-y$ 面に大きな穴を持つ金属板を置いたとします．穴の部分を通る波は平面電磁波の性質を保って z 軸方向に進みますが，金属板に当たった波は進むことができません．金属板と穴の境界に当たった波は**回折**を起こして斜め方向にも飛散します．指向性は鋭いペンシル状ビームになります．

図 13.7(c) のように穴が小さくなると，平面電磁波の成分が小さくなるため，回折により飛散する成分が相対的に多くなります．つまり，開口面が小さくなると指向性は広がってきます．

このように開口面の電磁界が波源となってアンテナを構成しています．開口面アンテナにはパラボラアンテナやホーンアンテナがあります．

ところで，開口面上で変化する電磁界（変位電流）は，電流や磁流に置き換えて考えることもできます．これを**等価原理**といい，この関係は次式で表されます．

$$J = n \times H \tag{13.7}$$

$$J_m = -n \times E \tag{13.8}$$

図 13.8 (a) は開口面上のある点 P′ に磁界があった場合で，n は点 P′ を含む微小面積 dS' の外向きの法線方向の単位ベクトルです．この磁界は，それに直交する，大きさが磁界と等しい表面電流密度と等価であることを示しています．(b) は電界があった場合で，電界は，それに直交する，大きさが電界と等しい表面磁流密度と等価であることを示しています．

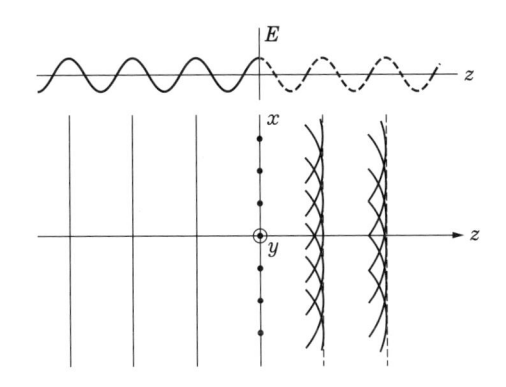

図 13.7(a)　平面電磁波（無限大の穴）の進行方向と波面

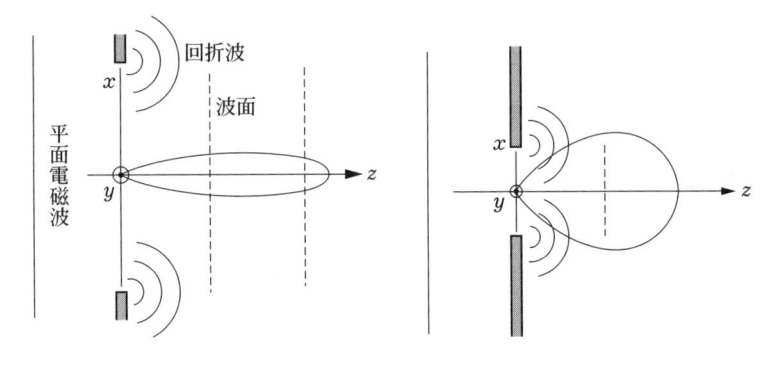

図 13.7(b)　大きな穴

図 13.7(c)　小さな穴

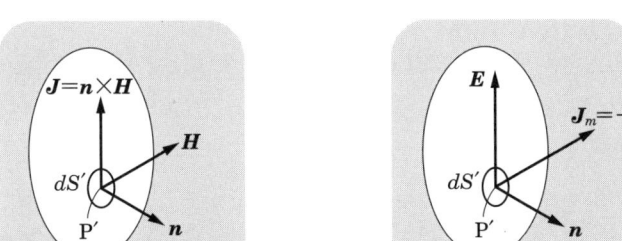

図 13.8(a)　磁界と等価電流

図 13.8(b)　電界と等価磁流

13.4 発生源の作る電磁界

電流分布が与えられた場合，式 (13.1) および (13.2) を解くことができれば，その電流が作る電磁界を求めることができます．しかし，直接にはなかなか解きにくいため，まずスカラポテンシャルおよびベクトルポテンシャルを求め，これから電磁界を解く方法があります．この方法を簡単に説明します．

電磁界を求めたい点 P の磁束密度 B とその点のベクトルポテンシャル A との間には式 (13.9) の関係があります．この関係の両辺を時間微分して式 (13.3) に代入し，積分すると式 (13.10) を得ます．

$$B = \mu H = \nabla \times A \tag{13.9}$$

$$E = -\nabla \psi - j\omega A \tag{13.10}$$

ψ は積分時に現れるスカラ積分関数で，**スカラポテンシャル**と呼ばれます．ψ は取扱いに便利なように定めることができ，色々な定め方がありますが．一番よく使われるのは**ローレンツの条件**と呼ばれる次式です．

$$\nabla \cdot A + j\omega\varepsilon\mu\psi = 0 \tag{13.11}$$

この条件を用いるとベクトルポテンシャルについて次の関係が得られます．

$$\nabla^2 A + k^2 A = -\mu J \tag{13.12}$$

この式を解くとベクトルポテンシャルは次のように表されます．

$$A = \frac{\mu}{4\pi} \int_{V'} \frac{J(r')e^{-jk|r-r'|}}{|r-r'|} dv' \tag{13.13}$$

波源と観測点の位置関係を図 13.9 に示します．O は原点，V' は電流源のある全領域，r' は V' 内の微小領域 dv' の位置ベクトル，$J(r')$ は r' における電流密度，r は電磁界を求めたい観測点の位置ベクトルです．

スカラポテンシャルとベクトルポテンシャルが分かると観測点の電界 E，磁界 B が求められます．また式 (13.10) とローレンツの条件式 (13.11) を用いると，ベクトルポテンシャルのみから観測点の電磁界を求めることができます．章末問題 13.3 の式 (13.15)，(13.16) を参照してください．

13 電波の放射

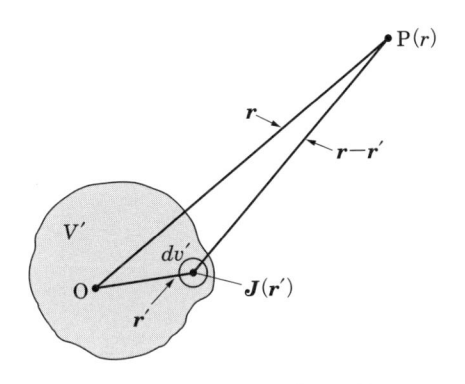

図 **13.9** 電流源と観測点の関係図

参考 ◇ 遅延ポテンシャル ────────────────

電磁気学の教えるところによれば，直流電流 J とベクトルポテンシャルの間には $\nabla^2 A = -\mu J$ の関係があり，これを解くと次式を得ます．

$$A = \frac{\mu}{4\pi} \int_{V'} \frac{J}{|r-r'|} dv' \tag{13.14}$$

高周波電流の場合の解，式 (13.13) を見ると J の項に $e^{-jk|r-r'|}$ が付いています．これは電波が r' から r に達する間の位相回転つまり位相遅れを示しています．スカラポテンシャルにも同様なことがいえます．このことから式 (13.13) で表されるようなポテンシャルを**遅延ポテンシャル**と呼ぶことがあります．

参考 ◇ 電磁界を求める種々の方法 ────────────────

ここではスカラポテンシャル，ベクトルポテンシャルを経由して観測点の電磁界を求める方法を紹介しましたが，電磁界を求めるにはそのほかにも色々な方法が開発されてきました．最近はこれらの数式を数値計算によって求める方法が急速に進歩しています．電流源を微小電流に分解しそれぞれの影響を足し合わせる**モーメント法**，マクスウェルの方程式を直接解く **FDTD 法**等はその代表的なものです．

章末問題 13

1 平行 2 線に往復電流が流れているとき,電波はほとんど放射されません.この理由を考察しなさい.

2 図 13.10 のように金属板に細長い穴が空いており,ここに図のような高周波電界があります(これをスロットアンテナという).紙面の表側において,この電界と等価な磁流を図中に示しなさい.

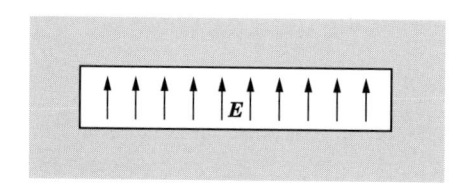

図 13.10 スロットアンテナと開口面電界

3 ある電波放射源による観測点のベクトルポテンシャル A が求められたとき,その点の電磁界は次式で表されることを示しなさい.

$$E = \frac{1}{j\omega\varepsilon\mu}\{\nabla(\nabla \cdot A) + k^2 A\} \tag{13.15}$$

$$H = \frac{1}{\mu}\{\nabla \times A\} \tag{13.16}$$

† ヒント †

1 平行 2 線の対応する部分には大きさの等しい反対方向の電流が流れています.この間隔が波長に比べて十分小さいと,観測点に作る電磁界はほとんど打ち消されてしまいます.

2 等価原理によれば電界に等価な磁流は式 (1.10) で表されます.電界は問題図に示されており,n は開口面の単位ベクトルで面の外側を向いています.紙面の裏側についても考えてみてください.

3 式 (13.10) にローレンツの条件式 (13.11) を代入すると電界の式を得ます.磁界は $B = \mu H = \nabla \times A$ から明らかです.

14 高周波のツール

　高周波の基礎もいよいよ最終章を迎えました．みなさんはこれから高周波に関連のある色々な専門科目を学んで行かれることと思います．例えば，アンテナ・電波伝搬，高周波回路・計測，伝送工学，情報通信ネットワーク，無線システム工学など興味深い科目が数多くあります．これらの科目を勉学されるに当たって有用と思われる高周波ツールを本章では簡単に紹介したいと思います．詳細はそれぞれの科目で習得してください．

(1)　スミスチャート
(2)　S パラメータ
(3)　高周波用計測器
(4)　電波暗室

　(1) のスミスチャートは，高周波におけるインピーダンスやアドミタンス，これを線路に接続した場合の特性，反射係数や定在波比を作図により手軽に求めることができるチャートです．ディジタル時代の今日でも十分役に立つツールの1つです．(2) の S パラメータは，素子あるいは回路による反射係数や透過係数を表し，回路の特性を把握するのに有用なパラメータです．(3) では高周波に用いられる計測器のいくつかを簡単に紹介します．(4) では，周囲環境に影響されない高周波測定を行う上で欠くことのできない電波暗室の概要を，アンテナ計測に例をとって述べます．

14.1 スミスチャート

インピーダンス $Z = R + jX$ を線路の特性インピーダンス Z_c で正規化した値を $Z/Z_c = z = x + jx$ とします。これを直角座標で表そうとすると無限大の平面が必要ですが、反射係数を表す複素平面 $\Gamma = |\Gamma|e^{j\theta} = u + jv$ を用いると円内で表すことができます。z と Γ の関係から、

$$\frac{Z}{Z_c} = r + jx = \frac{1 + (u + jv)}{1 - (u + jv)} \tag{14.1}$$

上式の実数部、虚数部を等しいとおき、整理すると式 (14.2) を得ます。

$$\left(u - \frac{r}{r+1}\right)^2 + v^2 = \frac{1}{(r+1)^2}, \quad (u-1)^2 + \left(v - \frac{1}{x}\right)^2 = \frac{1}{x^2} \tag{14.2}$$

反射係数 $|\Gamma| = $ const. は図 14.1 (a) のように同心円になります。$r = $ const. の軌跡は、中心が $u = r/(r+1)$ で、半径が $1/(r+1)$ の円、$x = $ const. の軌跡は、中心が $v = 1/x$ で、半径が $1/x$ の円になり、それぞれ図 14.1(b), (c) のように表されます。これらをまとめたのが図 14.2 の**スミスチャート**です。

スミスチャートの使用法を簡単な例によって説明しましょう。

(1) 例えば $Z = 100 + jX$ 〔Ω〕に $R_c = 50$ 〔Ω〕の線路を接続するとき、正規化インピーダンスは $r = 2$ を通る円で表されます。

(2) $Z = 100 + j50$ 〔Ω〕は $z = 2 + j1$ で点 A で表されます。

(3) アドミタンス $1/z = g + jb$ は $z = r + jx$ を原点を中心に 180 〔deg〕回転した点 B で表され、$y = 0.4 - j0.2$, $Y = (1/50)y$ 〔S〕となります。

(4) 定在波比 $S = $ const. の軌跡も反射係数 $\Gamma = $ const. 同様、原点を中心とする円になります。反射係数は $|\Gamma| = 0.45$、位相角は外周目盛りから 27 〔deg〕、定在波比 S は点 A を回転させ、r 軸との交点から 2.6 と読み取れます。

(5) 外周には 1 周 $\lambda/2$ になるような数値が目盛ってあります。これは z が線路によりどれだけ回転するかを示します。例えば図の左端は $z = jx = 0$ ですが、$\lambda/4$ 線路を接続して他端から見ると、$z = 0$ は 180 〔deg〕回転して $z = jx = \infty$ になることが分かります。

14 高周波のツール

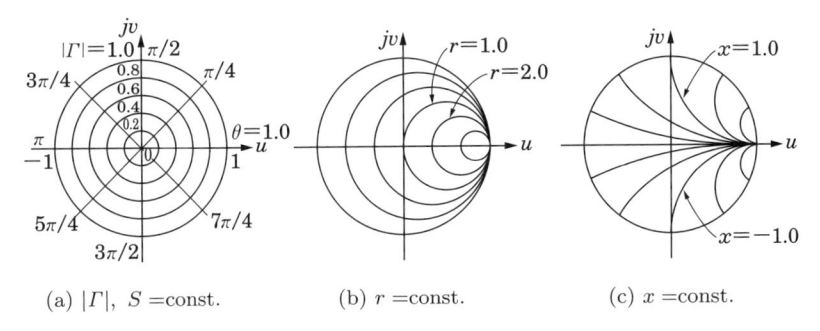

(a) $|\Gamma|$, S =const.　　(b) r =const.　　(c) x =const.

図 14.1　スミスチャートにおける Γ, r, $x =$ const. の軌跡

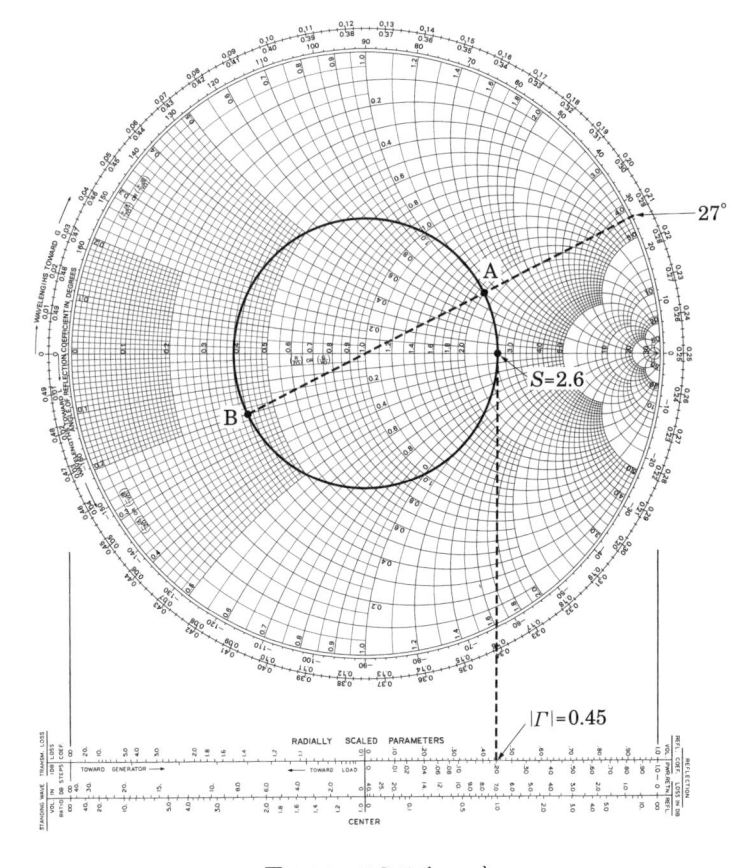

図 14.2　スミスチャート

14.2 S パラメータ

素子に線路を接続したときの特性は反射係数で表されます.しかし,線路には増幅器やフィルタなどの 2 **開口素子**や方向性結合器やサーキュレータなどの**多開口素子**などが接続されることも間々あります.このような状態の特性を表す量として,S パラメータがあります.

図 14.3 のような線形 n 開口回路において,各開口には整合電源が接続されているとします.各開口の入射波の**波振幅**(右ページ参照)を a_i とすると,反射波の波振幅 b_i は S パラメータを用いて次式のように表されます.

$$b_i = \sum_{i=1}^{n} S_{ji} a_i \quad \rightarrow \quad [b] = [S][a] \tag{14.3}$$

ここに

$$[a] = \begin{bmatrix} a_1 \\ a_2 \\ \cdots \\ a_n \end{bmatrix}, \ [b] = \begin{bmatrix} b_1 \\ b_2 \\ \cdots \\ b_n \end{bmatrix}, \ [S] = \begin{bmatrix} S_{11} & S_{12} & \cdots & S_{1n} \\ S_{21} & S_{22} & \cdots & S_{2n} \\ \cdots & \cdots & \cdots & \cdots \\ S_{n1} & S_{n2} & \cdots & S_{nn} \end{bmatrix} \tag{14.4}$$

開口 i に整合電源が,他の開口には整合負荷が接続されているとすると,

$$b_i = S_{ii} a_i, \quad b_j = S_{ji} a_i \quad (j \neq i) \tag{14.5}$$

したがって,S_{ii} は開口 i における反射係数を,S_{ji} は開口 i から j への透過係数を表しています.可逆回路では $S_{ji} = S_{ij}$ になります.例をあげてみましょう.

伝送線路

一様な伝送線路に整合負荷を接続すると反射は起きませんから,S_{11}, S_{22} は 0 になります.長さ d〔m〕線路の透過係数は $S_{21} = S_{12} = e^{-(\alpha+j\beta)d}$ と表されます.

増幅器

入力,出力ともに整合がとれており,出力側から入力側への透過がない利得 G〔dB〕の増幅器について考えてみます.$S_{11} = S_{22} = S_{12} = 0$ になります.電力利得は $|S_{21}|^2$ ですから,S_{21} は次のようになります.

$$G〔\text{dB}〕 = 20 \log_{10} S_{21} \quad \rightarrow \quad S_{21} = 10^{G/20} \tag{14.6}$$

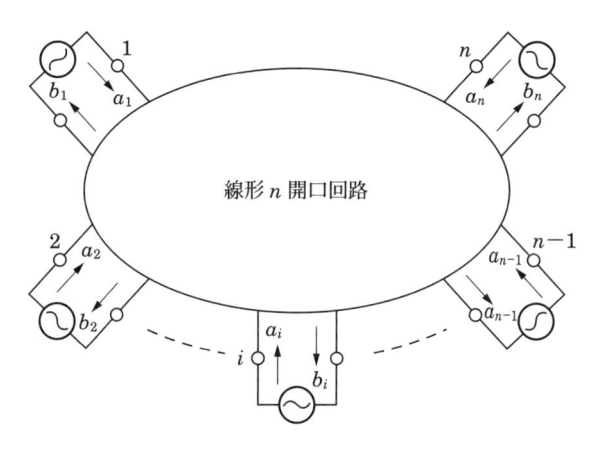

図 14.3　線形 n 開口モデル

参考 ◇　波振幅 ────────────────────────────

進行波の大きさを電力と関連付けて表す量として波振幅が導入されており，次のように定義されています．「その絶対値が進行波電力の平方根に，位相が進行波の電圧または電界の位相に等しい複素数」

§ 例題 14.1§　無損失 $\lambda/4$ 線路の S パラメータを求めなさい．

† 解答 †

S_{11}, S_{22} はそれぞれ，整合がとれている場合の入力および出力端における反射係数ですから，$S_{11} = S_{22} = 0$.

線路は無損失ですから $\alpha = 0$，$\lambda/4$ ですから $e^{-j\beta d} = e^{-(2\pi/\lambda) \times (\lambda/4)} = e^{-j\pi/2} = -j$. 可逆回路ですから $S_{21} = S_{12}$.

よって，マトリクス $[S]$ は次のように表されます．

$$[S] = \begin{bmatrix} 0 & -j \\ -j & 0 \end{bmatrix}$$

14.3 高周波用計測器

素子，回路，装置の高周波特性を知るために計測器は欠かせないツールです．ここでは高周波化，ディジタル化が著しい主な計測器を簡単に紹介します．

信号発生器

信号発生器 (SG = Signal Generator) は所要の周波数およびレベルの高周波信号を供給します．検出器と組み合わせたり，他の測定器に組み込んだりして，インピーダンス，波形，周波数，レベル測定のあらゆる分野で使用されます．周波数は周波数シンセサイザを用いてコントロールされ，最低周波数は 10〔kHz〕程度から，最高は数十〔GHz〕を発生するものがあります．

ディジタルオシロスコープ

オシロスコープは，CRT に表示された波形から振幅，周期（周波数）等を測定します．図 14.4 にブロック図を示したディジタルオシロスコープは，単発波形もメモリに記憶できるので繰り返し表示ができます．繰り返し信号に対しては，高速のパルスで，場所を変えて何回もサンプルして元の波形を再生します．単発波形では 500〔MHz〕，繰り返し波形では 50〔GHz〕程度まで観測できます．

スペクトラムアナライザ

スペクトラムアナライザのブロック図を図 14.5 に示します．オシロスコープでは CRT 水平軸にのこぎり波をかけて時間軸を作り，信号の振幅–時間特性を観測しますが，スペクトラムアナライザは，さらに，このこぎり波で局部発信器の周波数をコントロールすることにより，信号を周波数成分に分解し，振幅–周波数の関係を表示させます．取り扱える周波数は 100〔Hz〕～ 40〔GHz〕です．

ネットワークアナライザ

ネットワークアナライザは S パラメータを総合的に測定する汎用測定器です．S パラメータの絶対値のみを測定する装置をスカラネットワークアナライザ，複素数として測定する装置をベクトルネットワークアナライザといいます．図 14.6 に後者のブロック図を示します．最高周波数は数十〔GHz〕まで測定できますが，校正が重要になります．

14 高周波のツール

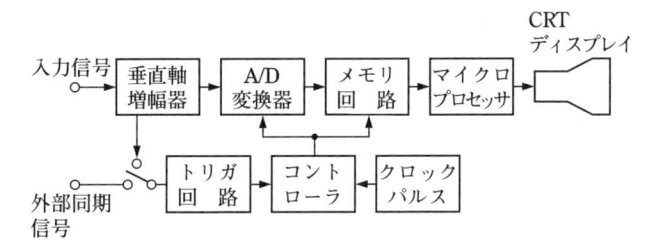

図 14.4　ディジタルオシロスコープ構成図

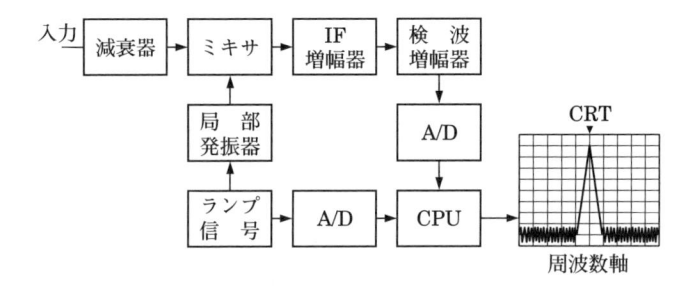

図 14.5　スペクトラムアナライザ構成図

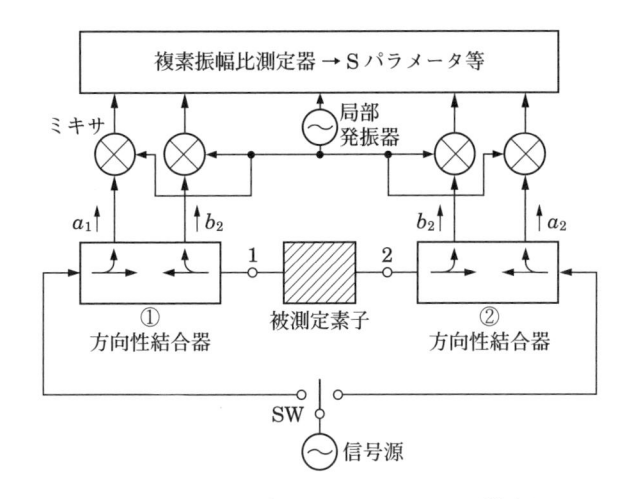

図 14.6　ベクトルネットワークアナライザ構成図

14.4 電波暗室

　高周波特性を計測するに当たって，周囲環境に影響されるようでは正確な測定ができません．そこで，周囲からの反射を極力少なくし，外来の妨害電波や雑音を遮断する**電波暗室**が必要になります．

　周壁には，**電波吸収体**を敷き詰めます．これには色々な種類がありますが，一般的には炭素やフェライト等を発泡スチロールと一体化して用います．また，どの方向から電波が来てもできるだけ反射を少なくするために，角錐や楔形の形状が用いられます．部屋は全体を電気的に遮蔽して外来電波の進入を防ぎます．

　電波暗室には人工衛星や自動車などが丸々入る数十〔m〕級のものから，単体測定用の数〔m〕程度のものまであります．また，何を測定するかによって測定系が変わってきます．ここでは，アンテナ測定を主目的とした図 14.7 のような小形暗室について説明します．

　図の上部 (a) は $4.6 \times 8.1 \times 3.0$〔m〕の内寸を持つ暗室で，A 点に送信用アンテナを置きます．点 B は反射が最も少なくなるなるように配慮された地点で **quiet zone** と呼ばれ，ここに回転台を設置し，特性を測定したい受信アンテナを置きます．測定可能周波数範囲は 500〔MHz〕から 50〔GHz〕です．周波数範囲は，電波吸収体の特性もさることながら，下限は暗室の大きさにより制限され，上限は測定系の周波数範囲や，同軸ケーブル・コネクタの特性により左右されます．本暗室の 1〔GHz〕における不要入射特性は -28〔dB〕以下，電磁界シールド率，電源線シールド率はそれぞれ $+90, +100$〔dB〕以上となっています．

　図の下部 (b) はベクトルネットワークアナライザを中心とした測定系で，マイクロ波掃引信号発生器と組み合わせて S パラメータの測定を行います．測定系と暗室内のアンテナなどとの接続には高性能の同軸ケーブルが使用されています．

　測定データは目的により反射係数，VSWR，インピーダンスに変換されます．測定値は表示装置に送られ，任意の周波数範囲の VSWR を図示したり，インピーダンスをスミスチャート上に描くことができます．また，特定の周波数における放射パタンを描き，標準アンテナと比較して利得を測定することができます．

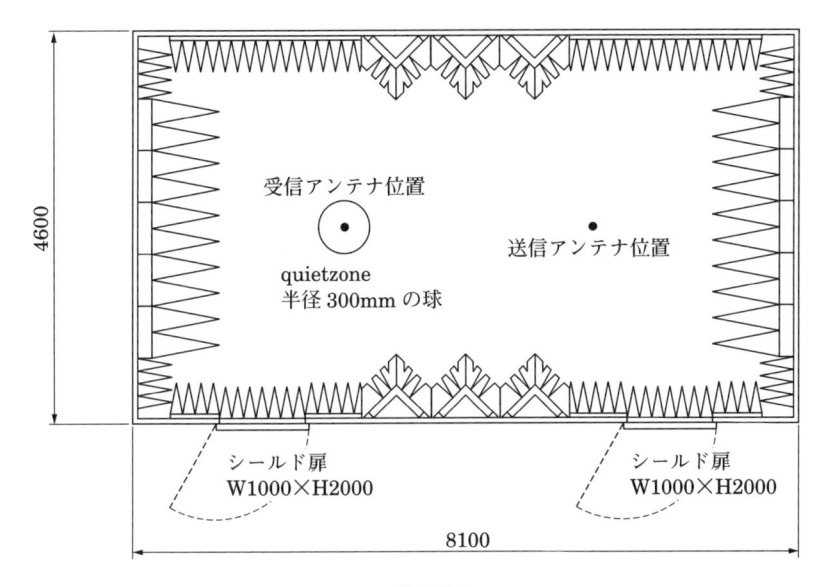

(a) 電波暗室

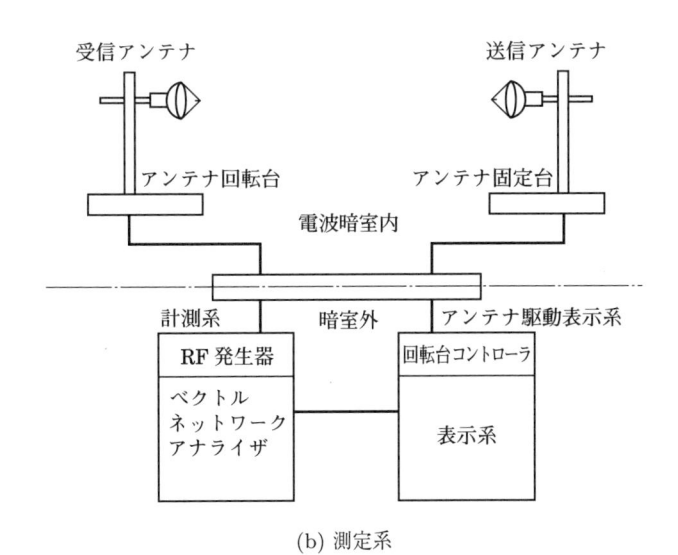

(b) 測定系

図 14.7 アンテナ測定を主目的とした電波暗室と測定系

章末問題 14

1. 特性インピーダンス $Z_c = 50+j0$〔Ω〕,長さ $\lambda/8$ の線路に負荷 $Z_l = 25+j50$〔Ω〕を接続しました.スミスチャートを用いて次の問に答えなさい.
   (1) Z_l をスミスチャート上にプロットしなさい(点 A).
   (2) 負荷アドミタンス Y_l を求めなさい(点 B).
   (3) 反射係数の絶対値および位相角を求めなさい(点 C, C′).
   (4) 定在波比はいくらですか(点 D).
   (5) 線路の他端から見たインピーダンスを求めなさい(点 E).

2. 無損失 $(3/4)\lambda$ 線路,および入出力整合の取れた利得 23〔dB〕の増幅器の S パラメータを示しなさい.

3. 未知のインピーダンス Z に,特性インピーダンス Z_c,長さ l の無損失線路を接続し,周波数 f で他端における S_{11} を測定しました.Z を求めなさい.

4. 電波暗室を使ってどのような測定ができるか考察しなさい.

† ヒント †

1. スミスチャート
   (1) 50〔Ω〕で正規化します.
   (2) チャートから読み取った値を Z_c で割ることが必要.
   (3) 中心 O から A までの長さと,線 OA の角度から求めます.
   (4) 半径 OA の円を描き,$jx = 0, (r > 1)$ との交点の値を読みます.
   (5) OA を 90〔deg〕右回転します.

2. 例題 14.1 および本文の例参照.

3. S_{11} と Z_c から多端から見たインピーダンスが分かります.
   これに $e^{j\beta l}$ を掛けます.β は f で表せますね.

4. アンテナ,散乱断面積,EMI(ElectroMaganetic Interference) など.

付録

A.1 主要定数

自由空間（真空中）における諸定数

誘電率	$\varepsilon_0 = 8.854 \times 10^{-12} \cong \dfrac{1}{36\pi} \times 10^{-9}$	〔F/m〕
透磁率	$\mu_0 = 4\pi \times 10^{-7} = 1.257 \times 10^{-6}$	〔H/m〕
光速	$c = \dfrac{1}{\sqrt{\varepsilon_0 \mu_0}} = 2.998 \times 10^8 \cong 3 \times 10^8$	〔m/s〕
固有インピーダンス	$Z_0 = \sqrt{\dfrac{\mu_0}{\varepsilon_0}} = 376.7 \cong 120\pi$	〔Ω〕

導電率 σ 〔S/m〕

銀	6.17×10^7	海水	$3 \sim 5$
銅	5.80×10^7	淡水	$(1 \sim 10) \times 10^{-3}$
金	4.10×10^7	湿地	$10^{-2} \sim 10^{-3}$
鉄	1×10^7	乾地	$10^{-4} \sim 10^{-5}$

比誘電率 ε_r

空気	1.000536	磁器	5.7
油	2.3	乾地	$3 \sim 4$
硝子	$3.5 \sim 10$	海水	72
ポリエチレン	2.3	淡水	80

比透磁率 μ_r

空気	$1 + 3.65 \times 10^{-7}$	ニッケル	250
アルミニウム	1.000214	コバルト	600
銅	0.99999	鉄	4,000
水	0.99999	ミューメタル	100,000

A.2 量記号および単位記号

量	記号	定義	単位	単位間関係
電流	I	$I = \dfrac{dQ}{dt}$	〔A〕	〔C〕=〔A s〕
電気量, 電荷	Q	$Q = \displaystyle\int I dt$	〔C〕	〔C〕=〔A s〕
体積電荷密度	ρ	$\rho = \dfrac{Q}{V}$, V は体積	〔C/m^3〕	
表面電荷密度	ρ_s	$\rho_s = \dfrac{Q}{S}$, S は面積	〔C/m^2〕	
電界の強さ	$\boldsymbol{E}$	$\boldsymbol{E} = \dfrac{\boldsymbol{F}}{Q}$, $\boldsymbol{F}$ は力	〔V/m〕	〔V/m〕=〔N/C〕
電位, 電圧	V	$\boldsymbol{E} = -\nabla V$	〔V〕	〔V〕=〔W/A〕
電束密度	$\boldsymbol{D}$	$\rho = \nabla \cdot \boldsymbol{D}$	〔C/m^2〕	
電束	Ψ	$\Psi = \displaystyle\int_S \boldsymbol{D} \cdot d\boldsymbol{S}$	〔C〕	
静電容量	C	$C = \dfrac{Q}{V}$	〔F〕	〔F〕=〔C/V〕
誘電率	ε	$\boldsymbol{D} = \varepsilon \boldsymbol{E}$	〔F/m〕	
比誘電率	ε_r	$\varepsilon_r = \dfrac{\varepsilon}{\varepsilon_0}$	無次元	
電気双極子モーメント	$\boldsymbol{p}$	$\boldsymbol{T} = \boldsymbol{p} \times \boldsymbol{E}$	〔C m〕	
電流密度	$\boldsymbol{J}$	$I = \displaystyle\int \boldsymbol{J} \cdot d\boldsymbol{S}$	〔A/m^2〕	
面電流密度	$\boldsymbol{J}_s$	$I = \displaystyle\int \boldsymbol{J}_s \cdot ds$	〔A/m〕	

量	記号	定義	単位	単位間関係
磁界の強さ	$\boldsymbol{H}$	$\nabla \times \boldsymbol{H} = \boldsymbol{J} + \dfrac{\partial \boldsymbol{D}}{\partial t}$	$[\mathrm{A/m}]$	
磁束	Φ	$U = -\dfrac{d\Phi}{dt}$	$[\mathrm{Wb}]$	$[\mathrm{Wb}] = [\mathrm{V\,s}]$
磁束密度	$\boldsymbol{B}$	$\Phi = \displaystyle\int_S \boldsymbol{B} \cdot d\boldsymbol{S}$	$[\mathrm{T}]$	$[\mathrm{T}] = [\mathrm{Wb/m^2}]$
磁気ベクトルポテンシャル	$\boldsymbol{A}$	$\boldsymbol{B} = \nabla \times \boldsymbol{A}$	$[\mathrm{Wb/m}]$	
インダクタンス	L	$L = \dfrac{\Phi}{I}$	$[\mathrm{H}]$	$[\mathrm{H}] = [\mathrm{Wb/A}]$
透磁率	μ	$\boldsymbol{B} = \mu \boldsymbol{H}$	$[\mathrm{H/m}]$	
比透磁率	μ_r	$\dfrac{\mu}{\mu_0}$	無次元	
磁気双極子モーメント	$\boldsymbol{p}_m$	$\boldsymbol{T} = \boldsymbol{p}_m \times \boldsymbol{H}$	$[\mathrm{Wb\,m}]$	
ポインティングベクトル	$\boldsymbol{S}$	$\boldsymbol{S} = \boldsymbol{E} \times \boldsymbol{H}$	$[\mathrm{W/m^2}]$	
導電率	σ	$\boldsymbol{J} = \sigma \boldsymbol{E}$	$[\mathrm{S/m}]$	
インピーダンス リアクタンス	Z X	$Z = R + jX$ インピーダンス虚部	$[\Omega]$	
アドミタンス サセプタンス	Y B	$Y = \dfrac{1}{Z} = G + jB$ アドミタンスの虚部	$[\mathrm{S}]$	

A.3 三角関数・双曲線関数

$$\sin(2\alpha) = 2\sin\alpha\cos\alpha$$

$$\cos(2\alpha) = 1 - 2\sin^2\alpha = 2\cos^2\alpha - 1$$

$$\sin\frac{\alpha}{2} = \pm\sqrt{\frac{1-\cos\alpha}{2}}$$

$$\cos\frac{\alpha}{2} = \pm\sqrt{\frac{1+\cos\alpha}{2}}$$

$$\sin(\alpha\pm\beta) = \sin\alpha\cos\beta \pm \cos\alpha\sin\beta$$

$$\cos(\alpha\pm\beta) = \cos\alpha\cos\beta \mp \sin\alpha\sin\beta$$

$$\sin\alpha + \sin\beta = 2\sin\frac{\alpha+\beta}{2}\cos\frac{\alpha-\beta}{2}$$

$$\cos\alpha + \cos\beta = 2\cos\frac{\alpha+\beta}{2}\cos\frac{\alpha-\beta}{2}$$

$$2\cos\alpha\sin\beta = \sin(\alpha+\beta) - \sin(\alpha-\beta)$$

$$2\cos\alpha\cos\beta = \cos(\alpha+\beta) + \cos(\alpha-\beta)$$

$$e^{j\theta} = \cos\theta + j\sin\theta$$

$$(\cos\theta + j\sin\theta)^k = \cos k\theta + j\sin k\theta$$

$$\sin\theta = \frac{e^{j\theta} - e^{-j\theta}}{2j}, \quad \cos\theta = \frac{e^{j\theta} + e^{-j\theta}}{2}$$

$$e^x = \cosh x + \sinh x$$

$$\sinh x = \frac{e^x - e^{-x}}{2}, \quad \cosh x = \frac{e^x + e^{-x}}{2}$$

$$\sinh(jx) = j\sin x, \quad \cosh(jx) = \cos x$$

$$\tanh(jx) = j\tan x$$

$$\sinh(x\pm y) = \sinh x \cosh y \pm \cosh x \sinh y$$

$$\cosh(x\pm y) = \cosh x \cosh y \pm \sinh x \sinh y$$

A.4 ベクトル公式

ベクトル積の公式

$$A \cdot (B \times C) = B \cdot (C \times A) = C \cdot (A \times B)$$
$$A \times (B \times C) = (A \cdot C)B - (A \cdot B)C$$
$$A \times (B \times C) + B \times (C \times A) + C \times (A \times B) = 0$$
$$(A \times B) \cdot (C \times D) = (A \cdot C)(B \cdot D) - (A \cdot D)(B \cdot C)$$

∇ 演算子の公式

$$\nabla(\phi\psi) = \psi\nabla\phi + \phi\nabla\psi$$
$$\nabla \cdot (\phi A) = \phi\nabla \cdot A + A \cdot \nabla\phi$$
$$\nabla \times (\phi A) = \phi\nabla \times A + \nabla\phi \times A$$
$$\nabla \times \nabla\phi = 0$$
$$\nabla \cdot \nabla \times A = 0$$
$$\nabla \times \nabla \times A = \nabla\nabla \cdot A - \nabla^2 A$$
$$\nabla(A \cdot B) = (A \cdot \nabla)B + (B \cdot \nabla)A + A \times (\nabla \times B) + B \times (\nabla \times A)$$
$$\nabla \cdot (A \times B) = B \cdot \nabla \times A - A \cdot \nabla \times B$$
$$\nabla \times (A \times B) = A\nabla \cdot B - B\nabla \cdot A + (B \cdot \nabla)A - (A \cdot \nabla)B$$

ベクトル積分公式

$$\int_v \nabla\phi dv = \int_S \phi dS$$
$$\int_v \nabla \cdot A dv = \int_S A \cdot dS \quad \text{(ガウスの定理)}$$
$$\int_v \nabla \times A dv = -\int_S A \times dS \quad \text{(ベクトルガウスの定理)}$$
$$\int_S \nabla\phi \cdot dS = -\oint_c \phi ds$$
$$\int_S \nabla \times A \cdot dS = \oint_c A \cdot ds \quad \text{(ストークスの定理)}$$

A.5　微分・積分公式

$$\{f(x)g(x)\}' = f'(x)g(x) + f(x)g'(x)$$

$$\left(\frac{g(x)}{f(x)}\right)' = \frac{g'(x)f(x) - g(x)f'(x)}{\{f(x)\}^2}$$

$$(x^\alpha)' = \alpha x^{\alpha-1} \quad \alpha\text{は定数}$$

$$(e^x)' = e^x$$

$$(\log x)' = \frac{1}{x} \quad (x > 0)$$

$$(\sin x)' = \cos x, \quad (\cos x)' = -\sin x$$

$$(\tan x)' = \sec^2 x, \quad (\cot x)' = -\csc^2 x$$

$$(\sin^{-1} x)' = \frac{1}{\sqrt{1-x^2}} \quad \left(-\frac{\pi}{2} < \sin^{-1} x < \frac{\pi}{2}\right)$$

$$(\sinh x)' = \cosh x, \quad (\cosh s)' = \sinh x$$

$$\int f(x)g'(x)dx = f(x)g(x) - f'(x)\int f'(x)g(x)dx$$

$$\int x^n dx = \frac{x^{n+1}}{n+1} \ (n \neq -1), \quad = \log x \ (n = -1)$$

$$\int e^x dx = e^x$$

$$\int \log x\, dx = x\log x - x$$

$$\int \sin x\, dx = -\cos x, \quad \int \cos x\, dx = \sin x$$

$$\int \tan x\, dx = -\log \cos x, \quad \int \cot x\, dx = \log \sin x$$

$$\int \frac{1}{1+x^2}dx = \tan^{-1} x, \quad \int \frac{1}{\sqrt{1-x^2}}dx = \sin^{-1} x$$

$$\int \frac{1}{|x|\sqrt{x^2-1}}dx = \sec^{-1} x$$

$$\int \frac{1}{\sqrt{x^2 \pm 1}}dx = \log(x + \sqrt{x^2 \pm 1})$$

A.6　微分方程式

(1) 変数分離形とその解

$$P(x)dx + Q(y)dy = 0$$
$$\int P(x)dx + \int Q(y)dy = C$$

(2) 線形 1 階微分方程式とその解

$$\frac{dy}{dx} + P(x)y = Q(x)$$
$$y = C\exp\left(-\int^x P(x)dx\right) \quad (Q(x) = 0)$$
$$y = \exp\left(-\int^x P(x)dx\right) \times$$
$$\left[\int^x Q(x)\exp\left(\int^x P(x)dx\right)dx + C\right] \quad (Q(x) \neq 0)$$

(3) 定係数線形 n 階微分方程式とその解

n 次線形微分方程式において係数が定数である次の微分方程式を考えます．

$$\frac{d^n y}{dx^n} + a_1\frac{d^{n-1}y}{dx^{n-1}} + \cdots + a_{n-1}\frac{dy}{dx} + a_n y = 0$$

$f(r) = r^n + a_1 r^{n-1} + \cdots + a_{n-1}r + a_n$ を特性方程式といいます．

特性方程式が n 個の異なる根を持つとき，$e^{r_1 x}, \cdots, e^{r_{n-1}x}, e^{r_n x}$ は基本解となり，方程式の解はこれらの一次結合で表されます．

特性方程式が m 個の根を有し，重複度が $\mu_1 \cdots \mu_m$ であると，$x^\kappa e^{r_i \kappa}(\kappa = 0.1, \cdots, \mu_i - 1, i = 1, \cdots, m)$ が基本解になります．

§ 例題 A.1 §　ヘルムホルツの方程式 $d^2 E_x/dz^2 + \beta_0^2 E_x = 0$ の解を求めなさい．

† 解答 †

特性方程式は $f(r) = r^2 + \beta_0^2 = 0$ です．

特性方程式の根は $r_1 = j\beta_0$, $r_2 = -j\beta_0$ となります．

したがって，ヘルムホルツの方程式の解は次のようになります．

$$E_x = E_{x1}e^{-j\beta_0 z} + E_{x2}e^{j\beta_0 z}$$

A.7 関数の展開

$$f(a+h) = \sum_{k=0}^{n-1} \frac{h^k}{k!} f^{(k)}(a) + R_n \quad \text{Taylor の定理}$$

$$f(x) = \sum_{k=0}^{n-1} \frac{x^k}{k!} f^{(k)}(0) + R_n \quad \text{Maclaulin の定理}$$

$$(1+x)^k = \sum_{n=0}^{\infty} {}_n C_k x^n \quad (|x|<1,\ k:\text{実数})$$

$$\cos x = 1 - \frac{x^2}{2!} + \frac{x^4}{4!} - \cdots + (-1)^k \frac{x^{2k}}{(2k)!} + \cdots$$

$$\sin x = x - \frac{x^3}{3!} + \frac{x^5}{5!} - \cdots + (-1)^k \frac{x^{2k+1}}{(2k+1)!} + \cdots$$

$$\tan x = x + \frac{1}{3}x^3 + \frac{2}{15}x^5 + \cdots$$

$$\log(1+x) = x - \frac{x^2}{2} + \frac{x^3}{3} - \cdots + \frac{(-1)^{n-1}}{n}x^n + \cdots$$

$$e^z = 1 + \frac{z}{1!} + \frac{z^2}{2!} + \cdots + \frac{z^n}{n!} + \cdots \quad (z \text{ は複素数})$$

◇　Taylor, Maclaulin の条件，R_n 等は専門書を参照してください．

◇　$\sin z,\ \cos z$ も $\sin x,\ \cos x$ と同様に展開できます．

参考 ◇　$|x| \ll 1$ の場合の近似式 ────────────────

上記の展開式から次の近似式を得ることができます．

$$\cos x \cong 1 - \frac{x^2}{2} \cong 1, \quad \sin x \cong x - \frac{x^3}{6} \cong x$$

$$\tan x \cong x + \frac{x^3}{3} \cong x$$

$$(1+x)^k \cong 1 + kx$$

$$e^x \cong 1 + x + \frac{x^2}{2} \cong 1 + x$$

$$\ln(1+x) \cong x - \frac{x^2}{2} \cong x$$

◇　三角関数における x は〔rad〕です．1〔rad〕$\cong$ 57.3〔deg〕です．

A.8 単位の名称（接頭語）

日本読み	名称	表示	倍数
エクサ	exa	E	10^{18}
ペタ	peta	P	10^{15}
テラ	tera	T	10^{12}
ギガ	giga	G	10^{9}
メガ	mega	M	10^{6}
キロ	kilo	k	10^{3}
ヘクト	hecto	h	10^{2}
デカ	daca	da	10
デシ	deci	d	10^{-1}
センチ	centi	c	10^{-2}
ミリ	mili	m	10^{-3}
マイクロ	micro	μ	10^{-6}
ナノ	nano	n	10^{-9}
ピコ	pico	p	10^{-12}
フェムト	femto	f	10^{-15}
アト	atto	a	10^{-18}

A.9 ギリシャ文字

小文字	大文字	読み	日本読み
α	A	alpha	アルファ
β	B	beta	ベータ
γ	Γ	gamma	ガンマ
δ	Δ	delta	デルタ
ϵ, ε	E	epsilon	イプシロン
ζ	Z	zeta	ツエータ
η	H	eta	エータ
θ, ϑ	Θ	theta	シータ
ι	I	iota	イオタ
κ	K	kappa	カッパ
λ	Λ	lambda	ラムダ
μ	M	mu	ミュー
ν	N	nu	ニュー
ξ	Ξ	xi	クシー, グザイ
o	O	omicron	オミクロン
π, ϖ	Π	pi	パイ
ρ, ϱ	P	rho	ロー
σ, ς	Σ	sigma	シグマ
τ	T	tau	タウ
υ	Υ	upsilon	ウプシロン
ϕ, φ	Φ	phi	ファイ
χ	X	chi	カイ
ψ	Ψ	psi	プサイ, プシー
ω	Ω	omega	オメガ

参考文献

[1] R.F.Harrington：Time-harmonic Electromagnetic Fields, McGraw-Hill
[2] D.K.Cheng : Field and Wave Electromagnetics, Addison-Wesley, 1989
[3] 東京電機大学編：電磁気学，東京電機大学出版局，1978
[4] 徳丸仁：基礎電磁波，森北出版，1993
[5] 堤井信力：電磁波の基礎，内田老鶴圃，1974
[6] 倉石源三郎：マイクロ波回路，東京電機大学出版局，1983
[7] 雨宮好文：電磁波工学，オーム社，1985
[8] 桂井誠：電磁気学の学び方，オーム社，1982
[9] 藤田広一：電磁気学ノート，コロナ社，1971
[10] 藤田広一：続電磁気学ノート，コロナ社，1978
[11] 藤田広一，野口晃：電磁気学演習ノート，コロナ社，1974
[12] 藤田広一，野口晃：続電磁気学演習ノート，コロナ社，1979
[13] 中島將光：マイクロ波工学，森北出版，1975
[14] H.W.Ott，松井訳：実線ノイズ逓減技法，JATEC出版，1978
[15] 宮内一洋他：マイクロ波・光工学，コロナ社，1989
[16] 榛葉実：光ファイバ通信概論，東京電機大学出版局，1999
[17] 虫明康人：アンテナ・電波伝搬，コロナ社，1985
[18] 後藤尚久：図説・アンテナ，電子情報通信学会，1966
[19] 大森俊一他：高周波・マイクロ波測定，コロナ社，1996
[20] TDK：電波暗室技術資料，1994
[21] Agilent(元 日本HP)：アンテナ測定システム技術資料，1994
[22] 泉信一他：数学公式，共立出版，1991
[23] 三輪進：高周波電磁気学，東京電機大学出版局，1997
[24] 三輪進，加来信之：アンテナおよび電波伝搬，東京電機大学出版局，1999
[25] 三輪進：電波の基礎と応用，東京電機大学出版局，2000
[26] 三輪進：情報通信基礎，東京電機大学出版局，2003

索　引

■あ
アンペア周回積分の法則　24

EH モード　106
E 波　95
位相定数　38, 56, 74
位相速度　39

V 値　106
右旋円偏波　44

S パラメータ　134
HE モード　106
H 波　95
FDTD 法　129
円筒空洞共振器　116
円偏波　44

オイラーの公式　6

■か
開口数　104
回折　126
ガウスの定理　24
角周波数　4
カルテシアン座標系　16
管内波長　96

基本モード　98, 116
吸収損失　108
Q ファクタ　118

球面電磁波　32
共振波長　116
極座標系　16

空洞共振器　116
屈折の法則　67
屈折率　67
クラッド　104
グレーデッド形光ファイバ　104
quiet zone　138
群速度　97
群遅延　108

減衰定数　56, 74

コア　104
高周波　2
固有インピーダンス　38

■さ
最大受光角　104
左旋円偏波　44
散乱損失　108

紫外線吸収　108
指向性　126
$\lambda/4$ 変成器　78
遮断周波数　96
遮断波長　96
遮蔽効果　85
自由空間波長　96
集中定数共振回路　112

索引

周波数　4
瞬時値　6
商用周波数　2
磁流　124
進行波　18, 76
信号発生器　136

垂直偏波　42
水平偏波　42
スカラ　12
スカラ積　12
スカラネットワークアナライザ　136
スカラポテンシャル　128
ステップ形光ファイバ　104
ストークスの定理　24
ストリップ線路　86
スペクトラムアナライザ　136
スミスチャート　132

正円偏波　44
整合　76
赤外線吸収　108
先端開放　76
先端短絡　76
全反射　102
線路共振器　114

相対屈折率　67

■た
楕円偏波　44
多開口素子　134
縦波　42
単一モード光ファイバ　104

遅延ポテンシャル　129
直方体空洞共振器　116
直列共振回路　112
直角座標系　16
直交偏波　66

TEM 線路　73

TEM 波　38
TE 波　94
TE モード　98
TM 波　94
TM モード　98
定在波　18
ディジタルオシロスコープ　136
低周波　2
低損失線路　74
デシベル　8
電圧定在波比　76
伝送線方程式　72
電波暗室　138
電波インピーダンス　38
電波吸収体　138
電波法　2
伝搬定数　56, 74
伝搬速度　38
電力伝搬速度　96

透過角　66
透過係数　62
等価原理　126
同軸ケーブル　84
導波管　91
等方性媒質　51
特性インピーダンス　38, 74

■な
ナブラ　14
波振幅　134

２開口素子　134
入射角　66
入射面　66

ネーパ　8
ネットワークアナライザ　136

■は
ハイブリッドモード　106
波数　38

153

波数ベクトル 48
波長 4, 38
波長短縮率 52
波長分散 108
波動方程式 18
波面 126
反射角 66
反射係数 62, 76
反射の法則 67

光ファイバ 104
表皮の深さ 58
表面電荷密度 26
表面電流密度 26

フェーザ 6
負円偏波 44
ブルースタ角 68
分布定数回路 72

平衡形ストリップ線路 86
平行2線 82
平行偏波 66
平面電磁波 32
並列共振回路 112
ベクトル 12
ベクトル積 12
ベクトルネットワークアナライザ 136
ベクトルポテンシャル 128
ヘルムホルツの方程式 34
変位電流 22
変位電流密度 22
偏波面 42

ホイヘンスの原理 126
ポインティングベクトル 28
放射電磁界 123

■ま
マイクロストリップ線路 86
マイクロ波 2
マクスウェルの方程式 22

右手系 16

無損失線路 74
無歪線路 75

モード 98
モード分散 102, 108
モーメント法 129

■や
横波 42
より対線 88

■ら
ラプラシアン 14

臨界角 102

レイリー散乱 108
レッヘル線 82

ローレンツの条件 128

【著者紹介】

三輪　進（みわ・すすむ）

　学　歴　東京大学工学部電気工学科卒業（1953）
　　　　　工学博士（1986）
　職　歴　三菱電機株式会社入社（1953）
　　　　　東京電機大学工学部教授（1987）

高周波の基礎

2001年3月10日　第1版1刷発行　　　　ISBN 978-4-501-10970-7 C3054
2017年2月20日　第1版10刷発行

著　者　三輪　進
　　　　　©Miwa Ikuko 2001

発行所　学校法人　東京電機大学　〒120-8551　東京都足立区千住旭町5番
　　　　東京電機大学出版局　　　〒101-0047　東京都千代田区内神田1-14-8
　　　　　　　　　　　　　　　　Tel. 03-5280-3433（営業）03-5280-3422（編集）
　　　　　　　　　　　　　　　　Fax. 03-5280-3563　振替口座 00160-5-71715
　　　　　　　　　　　　　　　　http://www.tdupress.jp/

[JCOPY] ＜(社)出版者著作権管理機構　委託出版物＞
本書の全部または一部を無断で複写複製（コピーおよび電子化を含む）することは，著作権法上での例外を除いて禁じられています。本書からの複製を希望される場合は，そのつど事前に，(社)出版者著作権管理機構の許諾を得てください。また，本書を代行業者等の第三者に依頼してスキャンやデジタル化をすることは，たとえ個人や家庭内での利用であっても，いっさい認められておりません。
［連絡先］Tel. 03-3513-6969, Fax. 03-3513-6979, E-mail：info@jcopy.or.jp

印刷：三美印刷（株）　　製本：渡辺製本（株）　　装丁：高橋壮一
落丁・乱丁本はお取り替えいたします。　　　　　　Printed in Japan

ネットワーク関連図書

ギガビット時代のLANテキスト

日本ユニシス情報技術研究会 編
B5変型 240頁
企業情報システムやイントラネットで重要な位置を占めているLANを技術的な観点から平易に解説。最新技術も網羅し，LAN全体の理解に役立つ。

ネットワークエンジニアのための TCP/IP入門

都丸敬介 著
A5判 200頁
インターネットなどで使われるTCP/IPスイートを構成する主なプロトコルの機能と構成を解説。実際に使われている標準的な機能を取りあげ，その仕様や機能の必要性を理解できるように記述。

X.500ディレクトリ入門 第2版
LDAP/X.509公開鍵証明書/ディジタル署名

大山実 他著
B5変型 192頁
インターネットの検索サービスで注目のLDAPや分散ディレクトリについて，X.500の標準化に携わった著者が解説。ディジタル署名の技術として電子商取引の基盤となるX.509公開鍵証明書についても詳解。

ISDN技術シリーズ
図解 ISDNの伝送技術と信号技術

津田 達/津田俊隆/遠藤一美 共著
A5判 226頁
ISDNの伝送技術と信号技術について，有線通信を対象に基本的事項について解説したものである。

ISDN技術シリーズ
図解 ISDNの交換技術

本間良和/中野義雄 共著
A5判 256頁
ISDNの交換技術について，その機能を実現している交換機の基本的な交換機能を解説。

ネットワーカーのためのイントラネット入門

日本ユニシス情報技術研究会 編
B5変型 194頁
イントラネットの背景から，インターネットや既存システムとの関連，さらにアプリケーション構築やセキュリティまで，技術的観点から網羅。

ネットワーカーのための IPv6とWWW

都丸敬介 著
A5判 196頁
インターネットの爆発的な普及を背景にマルチメディア対応のための新しいプロトコルIPv6が制定された。好評の「TCP/IP入門」の続編としてやさしく執筆。

図解 ISDN入門

都丸敬介 著
A5判 130頁
ISDN技術を理解し，上手に使いこなすことを意図して書かれた入門的な技術教科書。
ISDNのアーキテクチャと標準化／伝送技術／交換技術／信号技術／端末技術／今後の動向

ISDN技術シリーズ
図解 ISDNの端末技術

高木浩一 他共著
A5判 256頁
ISDNの端末技術について，また今後の通信端末の発展に欠かせない技術について解説。

ISDN技術シリーズ
図解 ISDNの利用

都丸敬介 著
A5判 156頁
ISDN利用の際に参考になる情報を，体系的に整理して解説した。

＊定価，図書目録のお問い合わせ・ご要望は出版局までお願い致します。

通信士試験受験参考書

2陸技・1・2総通受験教室1
無線工学の基礎Ⅰ
松原孝之 著
A5判 240頁
これまでに学んだ知識を確認する基礎学習と基本問題の解答解説で構成した，無線従事者試験受験教室シリーズの第1巻。無線工学の基礎となる電気物理・電気回路・電気磁気測定をわかりやすく解説。

2陸技・1・2総通受験教室2
無線工学の基礎Ⅱ
大熊利夫 著
A5判 188頁
無線工学を学習するにあたって，基礎的な知識として必要となる半導体・電子管・電子回路の内容をわかりやすく解説。合格に必要かつ十分な内容を網羅し，実力を養成する受験対策書。

2陸技・1・2総通受験教室3
無線工学A
秋冨 勝 著
A5判 192頁
無線設備と測定機器の理論，構造及び性能，測定機器の保守及び運用の解説と基本問題の解答解説を収録。これまでの試験を分析した結果に基づき，出題範囲・レベル・傾向にあわせた内容となっている。

2陸技・1・2総通受験教室4
無線工学B
吉川忠久 著
A5判 272頁
空中線系等とその測定機器の理論，構造及び機能，保守及び運用の解説と基本問題の解答解説。参考書としての総まとめ，問題集としての既出問題の研究とを兼ねているので，効率的に学習することができる。

2陸技・1・2総通受験教室5
電波法規
幡野憲正 著
A5判 200頁
電波法及び関係法規，国際電気通信条約の概要，基本問題・実力養成問題の解説及び解答解説。豊富な練習問題と詳細な解説で合格へと導く，受験者必携の書。

1陸技・2陸技・1総通・2総通
無線従事者試験問題の徹底研究
松原孝之 著
A5判 418頁
無線従事者試験を受験される人のために，出題範囲・程度・傾向などを十分に検討して執筆。これをマスターすれば，合格に必要な実力が養える。

1・2陸技・1総通の徹底研究
無線工学A
横山重明 著
A5判 228頁
過去10年間に行われた1・2陸技1総通「無線工学A」の試験問題を徹底的に分析し，これに詳しい「解答」，「参考」等がつけてある。

1・2陸技・1総通の徹底研究
無線工学B
安達宏司 著
A5判 184頁
過去6年間に行われた1・2陸技「無線工学B」の試験問題を徹底分析し，これに詳しい解答，解説・参考がつけてある。

1・2陸技の徹底研究
電波法規 第3版
吉川忠久 著
A5判 140頁
過去10年間に行われた1・2陸技「電波法規」の試験問題を徹底分析し，これに詳しい解答，解説・参考がつけてある。

合格精選300題 試験問題集
第一級陸上無線技術士
吉川忠久 著
B6判 312頁
これまでに実施された一陸技試験の既出問題を分野ごとに分類し，頻出問題と重要問題にしぼって300題を抽出した。小さなサイズに重要なエッセンスを詰め込んだ，携帯性に優れた学習ツール。

電気通信工学関連図書

理工学講座
電気通信概論 第3版
通信システム・ネットワーク・マルチメディア通信

荒谷孝夫 著
A5判 226頁 2色刷
インターネット，ISDN等，最新のマルチメディア通信も解説した，電気通信の初学社向け教科書。

理工学講座
高周波電磁気学

三輪進 著
A5判 228頁
電磁気学を基礎に，アンテナ，電波伝搬，高周波回路等の理解に必要な理論を簡易に解説。

理工学講座
電波の基礎と応用

三輪進 著
A5判 178頁
電波の基礎から，主なシステムや機器，応用までを幅広く網羅し，初学者のために平易に解説。

Mathematicaによる通信工学

榛葉實 著
A5判 180頁
無線工学の基礎知識がある人を対象に，回路理論・電磁気・無線通信・光ファイバ等をMathematicaを用いて解説した。

ディジタル移動通信方式 第2版
基本技術からIMT-2000まで

山内雪路 著
A5判 158頁
移動体通信の基礎を技術的観点から解説したベストセラーの改訂版。携帯電話やPHS等の急速な普及に伴う最近のディジタル通信環境の変化に対応。

理工学講座
通信ネットワーク

荒谷孝夫 著
A5判 234頁
電話網，移動通信，ISDN等，実用性が評価されている現行の主要な公衆ネットワークを取り上げ，その仕組みと構成要素を工学的な立場から解説。

理工学講座
アンテナおよび電波伝搬

三輪進/加来信之 共著
A5判 176頁
アンテナと電波伝搬の主要な項目を平易に解説した初学者向けテキスト。解説と関連図表を見開きに配したレイアウトで理解が深まる。

理工学講座
光ファイバ通信概論

榛葉實 著
A5判 130頁
最近の光ファイバ通信の主要技術について，内容を厳選し，ページ数を増やさず必要事項を記述。

スペクトラム拡散通信
次世代高性能通信に向けて

山内雪路 著
A5判 168頁
携帯電話やカーナビゲーション等の移動通信実現に必要不可欠な次世代高性能無線システムであるスペクトラム拡散通信の，特徴や原理を平易に解説。

モバイルコンピュータのデータ通信

山内雪路 著
A5判 288頁
モバイルコンピューティング環境を支える要素技術の一つであるデータ通信技術全般を平易に解説。データ通信技術習得のための必読の一冊。

＊定価，図書目録のお問い合わせ・ご要望は出版局までお願い致します。